安全生产知识普及百问百答丛书

消防安全

百问百答

安全生产知识普及百问百答丛书编写组

杨 勇	时 文	王琛亮	葛楠楠	曹炳文
佟瑞鹏	刘松涛	任彦斌	秦荣中	徐孟环
孙 超	韩雪萍	杨晗玉	王一波	翁兰香

中国劳动社会保障出版社

图书在版编目（CIP）数据

消防安全百问百答/《安全生产知识普及百问百答丛书》编写组编. —北京：中国劳动社会保障出版社，2015

（安全生产知识普及百问百答丛书）

ISBN 978-7-5167-1776-9

Ⅰ. ①消… Ⅱ. ①安… Ⅲ. ①消防 - 安全教育 - 问题解答 Ⅳ. ① TU998.1-44

中国版本图书馆 CIP 数据核字（2015）第 066474 号

中国劳动社会保障出版社出版发行

（北京市惠新东街 1 号　邮政编码：100029）

*

国铁印务有限公司印刷装订　新华书店经销

850 毫米 ×1168 毫米　32 开本　4.875 印张　107 千字

2015 年 4 月第 1 版　　2021 年 6 月第 8 次印刷

定价：18.00 元

读者服务部电话：(010) 64929211/84209101/64921644

营销中心电话：(010) 64962347

出版社网址：http://www.class.com.cn

目录

消防安全管理

1. 我国消防安全管理体系如何构成？

我国的《消防法》规定：国务院领导全国的消防工作。地方各级人民政府负责本行政区域内的消防工作。

国务院公安部门对全国的消防工作实施监督管理。县级以上地方人民政府公安机关对本行政区域内的消防工作实施监督管理，并由本级人民政府公安机关消防机构负责实施。军事设施的消防工作，由其主管单位监督管理，公安机关消防机构协助；矿井地下部分、核电厂、海上石油天然气设施的消防工作，由其主管单位监督管理。

县级以上人民政府其他有关部门在各自的职责范围内，依照消防法和其他相关法律、法规的规定做好消防工作。

法律、行政法规对森林、草原的消防工作另有规定的，从其规定。

县级以上地方人民政府应当按照国家规定建立公安消防队、专职消防队，并按照国家标准配备消防装备，承担火灾扑救工作。

乡镇人民政府应当根据当地经济发展和消

你们可是我们县的消防力量的中坚啊！

防工作的需要，建立专职消防队、志愿消防队，承担火灾扑救工作。

符合法律规定的企事业单位，应当建立单位专职消防队。

[相关链接]

机关、团体、企业、事业等单位以及村民委员会、居民委员会根据需要，建立志愿消防队等多种形式的消防组织，开展群众性自防自救工作。

2. 我国的消防安全法律、法规体系是什么样的？

我国消防法规大体上可以分为三类：一是消防基本法；二是消防行政法规；三是消防技术法规。

（1）消防基本法——《消防法》

《消防法》于1998年4月29日经第九届全国人民代表大会常务委员会第二次会议通过，自1998年9月1日施行。2008年10月28，由中华人民共和国第十一届全国人民代表大会常务委员会第五次会议修订通过，自2009年5月1日起施行。

（2）消防行政法规

消防行政法规规定了消防管理活动的基本原则、程序和方法，如《关于城市消防管理的规定》《仓库防火安全管理规则》《古建筑消防管理规则》等。这些行政法规，对于建立消防管理程序化、规范化和协调消防管理机关与社会上各方面的关系，推动消防实业发展都起着重要作用。

（3）消防技术法规

消防技术法规是用于调整人与相关的自然、科学、技术关系，如《建筑设计防火规范》《氧气站设计规范》《城市煤气设计规范》等。

[相关链接]

除了上述三类法规外，各省、市、自治区结合本地区的实际情况，还制定颁发了一些地方性的规定、规则和方法。这些规章制度和管理措施，都为防火监督管理提供了依据。

3. 消防安全管理工作应遵循的方针和原则是什么？

《消防法》第二条规定消防工作贯彻"预防为主，防消结合"的方针，这是消防管理工作必须遵循的方针。这个方针科学、准确地表达了防和消的辩证关系，反映了人们同火灾做斗争的客观规律。

消防隐患，我要去汇报！

消防安全管理工作的原则是：

（1）为总体目标服务的原则。

（2）依靠群众的原则。

（3）依法管理的原则。

（4）科学管理的原则。

（5）综合治理的原则。

[相关链接]

消防管理工作还应遵循国家的安全生产方针，即"安全第一，预防为主，综合治理"。

[知识学习]

消防安全管理工作是一项具有广泛群众性的工作。实践证明，只有依靠职工群众做消防工作，防才有基础，消才有力量。

在消防安全管理工作中坚持群众性原则，首先要求领导者必须树立群众观点，相信群众，尊重倾听群众的意见，虚心向群众学习。第二要采取各种方式方法，向职工群众普及消防知识，提高群众自身的防灾抗灾能力。第三，动员社会各界力量，积极参加消防工作，同火灾做斗争。第四，要组织群众中的骨干，建立义务消防队，实行消防安全责任制，开展群众性的防火和灭火工作。第五，要依靠群众，群策群力，整改火险隐患，改善消防设施，促进防火安全。

4. 《消防法》的修订主要体现了哪些内容?

《消防法》自1998年9月1日施行以来，对预防和减少火灾危害，保护人身、财产安全，维护公共安全，发挥了重要作用。但是，它的一些规定已经难以适应新时期消防工作的需要。

2009年，《消防法》的修订和公布实施，对加强我国消防法制建设，推进消防事业科学发展，维护公共安全，促进社会和谐，具有十分重要的意义。

（1）有利于保障消防工作与经济建设和社会发展相适应，不断提高社会公共消防安全水平。

（2）有利于全面落实消防安全责任制，建立、健全社会化的消防工作网络。

（3）有利于加强和改革消防工作制度，有效预防火灾和减少火灾危害。

（4）有利于推进市场机制和经济手段防范火灾风险，切实发挥市场主体在保障消防安全方面的作用。

火灾事故减少了，经济建设同时也增长了。

火灾事故

（5）有利于加强应急救援工作，推进消防力量建设，提升火灾扑救和应急救援能力。

（6）有利于完善消防执法监督工作机制，促进公正、严格、文明、高效执法。

[相关链接]

2009年5月1日，新《消防法》正式实施。消防法修订意义重大，是中国消防事业的重大转折，新的工作原则成为最亮点，违法条例增多，处罚力度加强。

[想一想]

新修订的《消防法》实施之后，你们的企业进行了哪些宣传与贯彻活动？你从中学到了什么？

5. 企业消防安全管理组织是如何构成的？

（1）防火安全委员会

防火安全委员会或防火安全领导小组是企业加强对消防工作领导的一种有效组织形式。企业的法人代表或主要负责人是本企业消防安全工作的第一责任人，应当担任防火安全委员会或防火安全领导小组的主任或组长，成员应包括本企业内各部门的消防安全责任人。从而形成一个自上而下、行之有效的消防安全管理决策机构。

（2）企业内的保卫部门或安全技术部门

企业内的保卫部门或安全技术部门是企业内负责消防安全工作的常设机构，也是防火安全委员会或防火安全领导小组的办事机构。应配备专兼职消防管理干部，应当对本企业的消防安全责任人负责。

（3）企业专职消防队

专职消防队可由一个企业单独建立，也可以由几个企业联合建立消防联防队。专职消防队的日常管理工作通常由本企业消防保卫部门负责，专职消防队在消防业务上应当接受当地公安消防机构的指导，公安消防机构有权指挥调动专职消防队参加火灾救援工作。

（4）群众义务消防队

企业义务消防队是业余性和群众性的自防自救消防组织。义务消防队接受企业消防安全保卫部门的领导，所需经费由各企业开支，业务上应当接受当地公安消防机构的指导。义务消防队员来自本企业各个岗位和部门，熟悉本企业的具体情况，懂技术、懂操作、懂原材料、产品、半成品性能。他们掌握了消防知识，能起到公安消防队、企业专职消防队重要补充的作用。

[法律提示]

《消防法》第三十九条规定：下列单位应当建立单位专职消防队，承担本单位的火灾扑救工作：

（1）大型核设施单位、大型发电厂、民用机场、主要港口。

（2）生产、储存易燃、易爆危险品的大型企业。

（3）储备可燃的重要物资的大型仓库、基地。

（4）第一项、第二项、第三项规定以外的火灾危险性较大、距离公安消防队较远的其他大型企业。

（5）距离公安消防队较远、被列为全国重点文物保护单位的古建筑群的管理单位。

6. 企业防火安全委员会的职责是什么?

防火安全委员会应履行下列职责：

（1）制定和修订消防安全制度、消防安全操作规程。

（2）实行防火责任制，确定本企业和所属各部门、岗位的消防安全责任人。

（3）针对本企业的特点对职工进行安全教育和消防安全培训。

（4）组织防火检查。

任命你为专职消防安全管理干部。

（5）按照国家有关规定配置消防设施和器材，设置消防安全标志，并定期检验、维修，确保消防设施和器材完好、有效。

（6）保障疏散通道、安全出口畅通，并设置符合国家规定的消防安全疏散标志。

（7）制定灭火和紧急疏散预案，定期组织消防演练。

　[法律提示]

2001年10月19日，《机关、团体、企业、事业单位消防安全管理规定》经公安部部长办公会议通过，以公安部长第61号令发布，自2002年5月1日起施行。本规定为《消防法》配套法规，对落实逐级消防安全责任制和岗位消防安全责任制，明确逐级和岗位消防安全职责，确定各级、各岗位的消防安全责任人做出了详细而明确的规定。

7. 企业消防保卫部门的职责是什么？

消防保卫部门的消防安全职责主要包括以下内容：

（1）组织贯彻落实国家和地方的消防法规以及本企业的消防安全管理规章制度。

（2）掌握本企业的消防工作情况，收集和整理有关消防安全方面的信息，为领导决策提供可靠的资料。

（3）检查本企业的火灾隐患，制止违章作业，督促火灾隐患的整改工作。

（4）制定消防安全工作计划，修订消防安全管理规章制度，负责本企业日常的消防安全管理工作。

（5）负责消防设施器材的配置和维护管理工作。

（6）协助公安消防机构做好火灾现场保护和火灾事故调查

工作。

（7）对在消防工作中成绩突出者和事故责任者以及违反消防安全管理规章制度者，提出奖惩意见。

（8）积极配合公安消防机构做好工作，及时汇报有关的消防安全工作情况。

（9）认真完成本企业防火安全委员会布置的其他各项工作任务。

[相关链接]

企业经营规模和管理范围较大，可以根据需要确定本企业的消防安全管理人，直接对企业的消防安全责任人负责。

8. 专职消防队员的职责是什么？

企业专职消防队的任务主要是负责本企业的消防工作，但也负有支援公安消防部队扑救火灾的任务和扑救邻近企业、居民火灾的职责，其主要职责是：

（1）拟定本企业的消防工作计划。

（2）负责领导本企业内义务消防队的工作。

（3）组织防火班组或防火员检查消防法规和各项消防制度的执行情况。

（4）开展防火检查，及时发现火险隐患，提出整改意见，并向有关领导汇报。

（5）配合有关部门对本企业职工进行消防宣传教育。

（6）维护保养消防设备和器材。

（7）经常进行灭火技术训练，制定灭火作战方案，定期组织灭火演练。

（8）发现火灾立即出动，积极进行扑救，并向公安消防部队报告。

该换新的了。

（9）协助本企业有关部门调查火灾原因，提出处理意见。

（10）配合公安消防部队参加灭火战斗。

[相关链接]

企业从业人员必须认真遵守消防法规，履行法律赋予的消防安全职责，这是保障社会财富免遭火灾危害，保护公共消防设施免遭破坏的重要基础。

9. 群众义务消防队的职责是什么?

群众义务消防队应履行以下消防安全职责：

（1）贯彻执行本企业的消防安全管理制度，制止和劝阻违反消防安全规定和制度的行为。

（2）宣传消防知识。

（3）熟悉本岗位的火灾危险性，明确火灾危险部位和控制点。

（4）班前、班后注意检查本岗位或部位以及企业消防制度的落实情况，查看有无火险隐患，及时报告和制止有可能引起着火或爆炸危险的行为。

（5）检查维护本岗位或本部位的消防器材和设施。

（6）积极参加火灾扑救，并注意保护现场。

（7）协助调查火灾原因，积极提供有关线索。

 [知识学习]

法律规定，无论是企业从业人员还是各界群众，都有参加有组织的灭火工作的义务。

居民住宅区的物业管理单位应当在管理范围内履行下列消防安全职责：

（1）制定消防安全制度，落实消防安全责任，开展消防安全宣传教育。

（2）开展防火检查，消除火灾隐患。

（3）保障疏散通道、安全出口、消防车通道畅通。

（4）保障公共消防设施、器材以及消防安全标志完好有效。

其他物业管理单位应当对受委托管理范围内的公共消防安全管理工作负责。

10. 企业负责人有哪些法定的消防安全职责？

根据《消防法》和有关法规的要求，企业应当遵守消防法律、法规、规章，贯彻预防为主、防消结合的消防工作方针，履行消防安全职责，保障消防安全。

法人单位的法定代表人或者非法人单位的主要负责人是单

位的消防安全责任人，对本单位的消防安全工作全面负责。单位应当落实逐级消防安全责任制和岗位消防安全责任制，明确逐级和岗位消防安全职责，确定各级、各岗位的消防安全责任人。

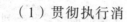

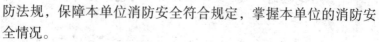

企业负责人应履行以下消防安全职责：

（1）贯彻执行消防法规，保障本单位消防安全符合规定，掌握本单位的消防安全情况。

（2）将消防工作与本单位的生产、科研、经营、管理等活动统筹安排，批准实施年度消防工作计划。

（3）为本单位的消防安全提供必要的经费和组织保障。

（4）确定逐级消防安全责任，批准实施消防安全制度和保障消防安全的操作规程。

（5）组织防火检查，督促落实火灾隐患整改，及时处理涉及消防安全的重大问题。

（6）根据消防法规的规定建立专职消防队、义务消防队。

（7）组织制定符合本单位实际的灭火和应急疏散预案，并实施演练。

[相关链接]

企业负责人的消防管理职责，主要涉及本企业的消防工作计划、经费和组织保障等重大的或全局性的问题。企业负责人应从管理的决策层高度保证消防安全工作的组织和开展，使本企业的消防安全管理工作有人领导决策，有人组织实施，有人具体落实，明确分工，责任到人，各负其责，形成一种符合实际的、长效的管理模式，确保消防安全责任、消防安全制度和措施落到实处。

企业可以根据需要确定本单位的消防安全管理人。消防安全管理人对企业的消防安全责任人负责，实施和组织落实下列消防安全管理工作：

（1）拟定年度消防工作计划，组织实施日常消防安全管理工作。

（2）组织制定消防安全制度和保障消防安全的操作规程并检查督促其落实。

（3）拟定消防安全工作的资金投入和组织保障方案。

（4）组织实施防火检查和火灾隐患整改工作。

（5）组织实施对本单位消防设施、灭火器材和消防安全标志的维护保养，确保其完好有效，确保疏散通道和安全出口畅通。

（6）组织管理专职消防队和义务消防队。

（7）在员工中组织开展消防知识、技能的宣传教育和培训，组织灭火和应急疏散预案的实施和演练。

（8）单位消防安全责任人委托的其他消防安全管理工作。

消防安全管理人应当定期向消防安全责任人报告消防安全情况，及时报告涉及消防安全的重大问题。未确定消防安全管理人的单位，上述消防安全管理工作由单位消防安全责任人负责实施。

11. 企业车间消防安全责任如何确定的?

企业车间应确定消防安全责任人，该责任人应履行以下消防安全职责：

（1）组织贯彻执行有关消防安全工作的规定和各项消防安全管理制度，经常研究本车间的消防安全状况。

（2）组织制定本车间的消防安全管理制度和班组岗位防火责任制，并督促落实。

（3）负责检查消防安全制度的落实情况，认真整改发现的火险隐患，及时上报本车间无力解决的问题。

（4）领导义务消防组织，有计划地组织业务学习和训练，提高消防能力。

（5）负责对员工进行消防安全教育。

（6）负责审签车间级的动火手续。

（7）定期向企业消防安全责任人和有关职能部门汇报消防工作情况。

（8）申报消防器材的添置计划，负责消防器材的维修和保养。

[相关链接]

　　车间消防安全员协助车间防火责任人的工作，监督职工执行防火规章制度，负责管理好本车间的重点部位。

12. 企业班组消防安全责任人有哪些职责？

　　企业班组消防安全责任人应履行以下消防安全职责：

　　（1）领导本班组的消防工作，随时向上级领导汇报本班组消防工作情况，协助车间（工段）防火责任人贯彻执行消防法规和上级文件、指示精神。

　　（2）具体组织实施岗位防火责任制度。

　　（3）每天组织对本班组的消防安全检查，发现问题及时处理，并上报有关部门。

　　（4）组织本班组义务消防队员的活动。

　　（5）组织职工参加火灾扑救，保护火灾现场，并协助上级和有关部门调查火灾原因。

[相关链接]

　　班组安全员在班组长领导下负责本班组的安全工作，对班组成员进行具体的消防安全教育；检查本班组成员遵守各项防火规章制度的情况；协同班组防火责任人对班组各点进行检查，并做好记录；维护保养班组配置的消防器材。

13. 什么是消防安全管理制度？

　　消防安全管理制度的内容包括：消防宣传教育制度；防火安全检查制度；建筑防火管理制度；用火、用电防火制度；易燃、易爆危险物品防火管理制度；消防设施和器材管理制度；

火灾事故调查处理制度；消防安全工作奖惩制度；重点部位的防火管理制度；重点工种的防火管理制度。

实行承包、租赁或者委托经营、管理时，产权单位应当提供符合消防安全要求的建筑物，当事人在订立的合同中依照有关规定明确各方的消防安全责任；消防车通道、涉及公共消防安全的疏散设施和其他建筑消防设施应当由产权单位或者委托管理的单位统一管理。

承包、承租或者受委托经营、管理的单位应当遵守规定，在其使用、管理范围内履行消防安全职责。

对于有两个以上产权单位和使用单位的建筑物，各产权单位、使用单位对消防车通道、涉及公共消防安全的疏散设施和其他建筑消防设施应当明确管理责任，可以委托统一管理。

[相关链接]

防火安全检查制度的基本内容包括：规定企业领导每月检查、部门领导每周检查、班组领导每日巡查、岗位职工每日自查；检查之前应当预先编制相应的防火检查表，规定检查内容要点、检查依据和检查合格标准；检查结果应当有记录，对于查出的火灾隐患应当及时整改等。

14. 消防安全管理的重点单位是如何确定的？

《消防法》第十六条规定：县级以上地方各级人民政府公安机关消防机构应当将发生火灾可能性较大以及一旦发生火灾可能造成人身重大伤亡或者财产重大损失的单位，确定为本行政区域内消防安全重点单位，报本级人民政府备案。

根据《消防法》第十六条规定的精神，确定消防重点单位的依据可概括为"四大""六个方面"。"四大"即火灾危险性大，发生火灾后损失大，伤亡大，社会影响大；"六个方面"即一是重要的厂矿企业、基建工地、交通通信枢纽；二是商场、集贸市场，粮棉百货等物资集中的仓库、堆栈；三是生产储存化工、石油等易燃、易爆物品的单位；四是首脑机关、外宾住地、重要的科研单

这是我市的消防重点单位。

位、事业单位；五是文物建筑、图书馆、档案馆、陈列馆等单位；六是易燃建筑密集区和经常集聚大量人员等重要场所。

《机关、团体、企业、事业单位消防安全管理规定》（公安部令第61号）明确规定：消防安全重点单位及其消防安全责任人、消防安全管理人应当报当地公安消防机构备案。

消防安全重点单位应当设置或者确定消防工作的归口管理职能部门，并确定专职或者兼职的消防管理人员；其他单位应当确定专职或者兼职消防管理人员，可以确定消防工作的归口管理职能部门。归口管理职能部门和专兼职消防管理人员在消防安全责任人或者消防安全管理人的领导下开展消防安全管理工作。

[相关链接]

根据《机关、团体、企业、事业单位消防安全管理规定》（公安部令第61号），下列范围的单位是消防安全重点单位，

应当按照规定的要求，实行严格管理：

（1）商场（市场）、宾馆（饭店）、体育场（馆）、会堂、公共娱乐场所等公众聚集场所（统称公众聚集场所）。

（2）医院、养老院和寄宿制的学校、托儿所、幼儿园。

（3）国家机关。

（4）广播电台、电视台和邮政、通信枢纽。

（5）客运车站、码头、民用机场。

（6）公共图书馆、展览馆、博物馆、档案馆以及具有火灾危险性的文物保护单位。

（7）发电厂（站）和电网经营企业。

（8）易燃、易爆化学物品的生产、充装、储存、供应、销售单位。

（9）服装、制鞋等劳动密集型生产、加工企业。

（10）重要的科研单位。

（11）其他发生火灾可能性较大以及一旦发生火灾可能造成重大人身伤亡或者财产损失的单位。

高层办公楼（写字楼）、高层公寓楼等高层公共建筑，城市地下铁道、地下观光隧道等地下公共建筑和城市重要的交通隧道，粮、棉、木材、百货等物资集中的大型仓库和堆场，国家和省级等重点工程的施工现场，应当按照规定对消防安全重点单位的要求，实行严格管理。

[想一想]

在我们身边或者旅游观光时，经常会看到由公安部门挂在单位门口的消防重点单位的牌子，那么它们是根据什么确定的呢？进入这些消防重点单位，我们应该在行动上注意些什么呢？

15. 如何进行消防安全的教育培训?

应该从以下方面对企业员工进行消防安全教育:

（1）消防工作的方针和政策教育

进行消防安全教育,首先应当进行消防工作的方针和政策教育,这是调动职工群众积极性、做好企业消防安全工作的前提。

（2）消防安全法规教育

通过消防安全法规教育,可以增强法制观念,使广大职工群众懂得哪些应该做,应该怎样做;哪些不能做,为什么不能做,做了又有什么危害和后果等,从而增强责任感和自觉性,保证各项消防法规的贯彻执行。

（3）消防安全知识教育

消防安全知识应当包括燃烧发生的条件,燃烧和爆炸的基本知识,危险品的特性及生产、使用、储存、运输、销售的防火常识,用电、用火的防火知识,失火报警方法、常用消防器材的使用方法,以及如何逃生、自救等消防安全知识,使广大职工群众懂得这些基本的消防基本知识,以有效地控制火灾的发生。

（4）火灾案例教育

人们对火灾危害的认识往往需从火灾事故的教训中得到,而要提高人们的消防安全意识和防火警惕性，火灾案例教育则是一种最具说服力的方法。通过对火灾案例的宣传教育，可从反面提高人们对防火工作的认识，从中吸取教训，总结经验，采取措施做好工作。

（5）消防安全技能培训

消防安全技能培训主要是对作业人员而言的。在一个企业，要达到生产作业的消防安全，作业人员不仅要获得消防安全基础知识，而且还应掌握防火、灭火的基本技能。

 [相关链接]

法律规定，企业应对新进入企业的职工，包括合同工、季节工、临时工、基建外包工等，通常要进行工厂、车间和班组三级消防安全知识教育，经考核合格后才能上岗；对工人、改变工种或从事特殊工种的职工，还必须进行专门的安全操作技术培训，考核合格后持证上岗；义务消防队应当在投产开工前以及年初或年中进行必要的消防演练活动，每年对全体职工进行一次消防安全知识考核。

 [法律提示]

《机关、团体、企业、事业单位消防安全管理规定》（公安部令第61号）明确要求：单位应当通过多种形式开展经常性的消防安全宣传教育。消防安全重点单位对每名员工应当至少每年进行一次消防安全培训。宣传教育和培训内容应当包括：

（1）有关消防法规、消防安全制度和保障消防安全的操作规程。

（2）本单位、本岗位的火灾危险性和防火措施。

（3）有关消防设施的性能、灭火器材的使用方法。

（4）报火警、扑救初起火灾以及自救逃生的知识和技能。

公众聚集场所对员工的消防安全培训应当至少每半年进行一次，培训的内容还应当包括组织、引导在场群众疏散的知识和技能。

单位应当组织新上岗和进入新岗位的员工进行上岗前的消防安全培训。

公众聚集场所在营业、活动期间，应当通过张贴图画、广播、闭路电视等向公众宣传防火、灭火、疏散逃生等常识。

学校、幼儿园应当通过寓教于乐等多种形式对学生和幼儿进行消防安全常识教育。

下列人员应当接受消防安全专门培训：

（1）单位的消防安全责任人、消防安全管理人。

（2）专、兼职消防管理人员。

（3）消防控制室的值班、操作人员（此类人员应当持证上岗）。

（4）其他依照规定应当接受消防安全专门培训的人员。

16. 如何对企业从业人员进行安全教育？

所有新入厂职工，包括学徒工、外企业调入的职工、合同工、代培人员和大中专院校实习生，上岗前必须进行厂级、车间级和班组级的三级安全教育。

（1）厂级安全教育由企业安全部门会同劳资、人事部门组织实施，主要使受教育者了解本企业安全生产概况和企业内的危险源，以及基本的安全技术知识等。新职工经厂级安全教育并考试合格后，再分配到车间。

（2）车间级安全教育由车间负责人组织实施，主要使受教育者了解车间的规章制度及车间内的危险区、典型案例等。新职工经车间级安全教育并考核合格，再分配到班组。

（3）班组级教育是班组长对新入厂职工在上岗前进行的安全教育，主要使受教育者了解本工段或生产班组的安全生产情况、工作性质和职责范围、容易发生事故的部位、个人防护用品的使用和保管等。

这是咱们车间容易发生事故的区域……

对企业新职工应按规定通过三级安全教育并经考核合格后方可上岗。职工厂际调动后必须重新进行入厂三级教育；厂内工作调动、干部顶岗劳动以及脱离岗位6个月以上者，应进行车间和班组两级安全教育，经考试合格后，方可从事新岗位工作。

[法律提示]

《安全生产法》第二十一条规定："生产经营企业应当对从业人员进行安全生产教育和培训，保证从业人员具备必要的安全生产知识，熟悉有关的安全生产规章制度和安全操作规程，掌握本岗位的安全操作技能。未经安全生产教育和培训合格的从业人员，不得上岗作业。"

17. 什么是消防安全检查?

机关、团体、事业单位应当至少每季度进行一次防火检查,其他单位应当至少每月进行一次防火检查。检查的内容应当包括:

(1)火灾隐患的整改情况以及防范措施的落实情况。

(2)安全疏散通道、疏散指示标志、应急照明和安全出口情况。

(3)消防车通道、消防水源情况。

(4)灭火器材配置及有效情况。

(5)用火、用电有无违章情况。

(6)重点工种人员以及其他员工消防知识的掌握情况。

(7)消防安全重点部位的管理情况。

(8)易燃、易爆危险物品和场所防火防爆措施的落实情况以及其他重要物资的防火安全情况。

(9)消防(控制室)值班情况和设施运行、记录情况。

(10)防火巡查情况。

(11)消防安全标志的设置情况和完好、有效情况。

(12)其他需要检查的内容。

防火检查应当填写检查记录。检查人员和被检查部门负责人应当在检查记录上签名。

消防安全重点单位应当进行每日防火巡查,并确定巡查的人员、内容、部位和频次。其他单位可以根据需要组织防火巡查。巡查的内容应当包括:

(1)用火、用电有无违章情况。

(2)安全出口、疏散通道是否畅通,安全疏散指示标志、应急照明是否完好。

（3）消防设施、器材和消防安全标志是否在位、完整。

（4）常闭式防火门是否处于关闭状态，防火卷帘下是否堆放物品影响使用。

（5）消防安全重点部位的人员在岗情况。

（6）其他消防安全情况。

公众聚集场所在营业期间的防火巡查应当至少每两小时一次；营业结束时应当对营业现场进行检查，消除遗留火种。医院、养老院、寄宿制的学校、托儿所、幼儿园应当加强夜间防火巡查，其他消防安全重点单位可以结合实际组织夜间防火巡查。

防火巡查人员应当及时纠正违章行为，妥善处置火灾危险，无法当场处置的，应当立即报告。发现初起火灾应当立即报警并及时扑救。

防火巡查应当填写巡查记录，巡查人员及其主管人员应当在巡查记录上签名。

[相关链接]

干部、职工的安全思想状况检查具体包括：

各级领导和广大职工是否重视消防安全工作，通过调查了解或与职工交谈，了解职工群众的防火警惕性以及防火安全意识状况，各级领导是否把防火安全工作摆在重要议事日程，职工群众是否人人关心和主动搞好消防安全工作。

[法律提示]

根据《机关、团体、企业、事业单位消防安全管理规定》（公安部令第61号）的规定，机关、团体、事业单位应当至少

每季度进行一次防火检查,其他单位应当至少每月进行一次防火检查。检查的内容应当包括:

(1)火灾隐患的整改情况以及防范措施的落实情况。

(2)安全疏散通道、疏散指示标志、应急照明和安全出口情况。

(3)消防车通道、消防水源情况。

(4)灭火器材配置及有效情况。

(5)用火、用电有无违章情况。

(6)重点工种人员以及其他员工消防知识的掌握情况。

(7)消防安全重点部位的管理情况。

(8)易燃、易爆危险物品和场所防火防爆措施的落实情况以及其他重要物资的防火安全情况。

(9)消防(控制室)值班情况和设施运行、记录情况。

(10)防火巡查情况。

(11)消防安全标志的设置情况和完好、有效情况。

(12)其他需要检查的内容。

防火检查应当填写检查记录。检查人员和被检查部门负责人应当在检查记录上签名。

18. 消防安全检查有哪些组织形式?

消防安全检查不是一项临时性措施,不能一劳永逸,它是一项长期的、经常性的工作,所以,在组织形式上应采取经常性检查和季节性检查相结合、群众性检查和专门机关检查相结合、重点检查和普遍检查相结合的方法。

(1)基层企业的自查

可分为如下几种形式:定期检查;不定期检查;日常防火安全检查和专业防火安全技术检查。

（2）企业主管部门的检查

由企业的上级主管部门组织实施，它对推动和帮助基层企业落实防火安全措施、消除火险隐患，具有重要作用。此种检查通常有互查、抽查和重点查三种形式。

消防安全检查可不能一劳永逸。

前两天不是刚巡视完吗……

[相关链接]

日常消防安全检查，是以专（兼）职保卫、消防检查人员、生产管理人员和岗位工人为主，在日常生产中进行的消防安全检查。日常检查，发现的隐患量大，最能反映企业生产过程中消防安全状况的真实水平，这种检查的优点是可以随时随地发现问题，及时进行整改。日常检查的形式一般有巡回检查、岗位检查。巡回检查主要依靠值班的干部、警卫和专职、兼职防火员，按照规定的时间和项目，尤其是在夜间，对生产现场的防火安全情况进行巡视监督。重点是检查电源、火源，并注意其他情况，及时堵塞漏洞，消除隐患。岗位检查是按照岗位防火责任制的要求，以班组长、安全员、消防员为主的防火安全情况检查。这种检查通常以班前、班后和交接班时为检查的重点。

[想一想]

在企业生产工作中，你如何组织或者配合企业的日常消防安全检查？

19. 消防安全检查的方法有哪些?

传统消防安全检查，首先要听取企业有关的汇报和介绍，接着要深入现场察看，再深入到群众中访问，然后把听、看、访得到的情况进行综合分析，最后做出结论，提出整改意见和对策。

在消防安全检查中还常采用安全检查表法。消防安全检查表方法首先把要检查的具体项目及检查标准定好，印成安全检查表，然后发给检查者，由检查者按项目内容和标准进行检查核对，最后做出结论或评价。每项检查都应分别制定相应的安全检查表，否则会使检查者心中无数或漏项。

安全监测仪器在检查验证中的利用使企业的消防安全检查工作发生了深刻的变化。在生产过程中常会遇到一些无色、无味、无形而有危险的因素，如可燃气体与空气混合物等，直观很难感觉和判断；有些危险物质，如粉尘、热辐射等，虽然能从现象上感觉到，但也只能做定性判断，由于判断不准，很可能造成失误。在消防安全检查中采用安全监测仪器，可对危险性进行科学的论证。

 [知识学习]

实际上，在企业经常将以上三种方法综合运用，灵活机动地进行消防安全检查。

20. 常见的火险隐患有哪些?

常见的火险隐患包括以下几个方面:

（1）生产工艺流程不合理，超温、超压以及配比浓度接近爆炸浓度极限，而无可靠的安全保证措施，随时有可能达到爆炸危险界限，易造成着火或爆炸的。

（2）易燃、易爆物品的生产设备与生产工艺条件不相适应，安全装置或附件没有安装，或虽安装但失灵的。

（3）易燃、易爆设备和容器检修前，未经严格的清洗和测试，检修方法和工具选用不当等，不符合设备动火检修的有关程序和要求，易造成着火或爆炸的。

设备有"跑""冒""滴""漏"现象，马上停机!

（4）设备有跑、冒、滴、漏现象，不能及时检修而带病作业，有造成火灾危险的，或散发可燃气体场所通风不良的。

（5）易燃、易爆

危险品的生产和使用的厂址，储存和销售的库址位置不合理，一旦发火灾严重影响并殃及近邻企业和附近居民安全的。

（6）易燃、易爆物品的运输、储存和包装方法不符合防火安全要求，性质抵触和灭火方法不同的危险品混装、混储，以及销售和使用不符合防火要求的。

（7）对引火源管理不严，在禁火区域无"严禁烟火"醒目标志，或虽有但执行不严格，仍有乱动火的迹象或抽烟现象的，或在用火作业场所有易燃物尚未清除，明火源或其他热源靠近可燃结构或其他可燃物等有引起火灾危险的。

（8）电气设备、线路、开关的安装不符合防火安全要求，严重超负荷、线路老化、保险装置失去保险作用的。

（9）建筑物的耐火等级、建筑结构与生产的火灾危险性质不相适应，建筑物的防火间距、防火分区或安全疏散及通风采暖等不符合防火规范要求。

（10）场所应安装自动灭火、自动报警装置，或应备置其他灭火器材，但未安装或未备置，或虽有但量不足或失去功能的。

（11）其他有关容易引起火灾的问题。

[相关链接]

在企业中，将消防通道或疏散通道阻塞，是及其常见的火险隐患。此种现象在生活区中也常见。

21. 如何进行火险隐患整改？

（1）一般火险隐患的整改

过程比较简单，不需要花费较多的时间、人力、物力、财力，对生产和经营活动不产生较大的影响的整改为一般性整改。如员工着装不符合防静电要求的；使用非防爆的通信电气设备和电动工具的；机动车辆及畜力车进入罐区和危险区的；违章动用明火、用电和电气焊的；在防火间距内堆放可燃物料，在疏散走道内放置影响安全疏散的物资的；消火栓、消防车水泵接合器被重物压盖、遮挡、圈占等隐患。对于能当场整改的隐患，应当责成有关人员当场改正，督促落实，并做好记录。对不能当场改正的火灾隐患应由存在隐患的企业制定整改方案，经保卫科同意后，限期整改，在火灾隐患未消除之前，应当落实防范措施，保障消防安全。

（2）重大火灾隐患的整改

过程比较复杂，涉及面广，影响生产比较大，需花费较多的时间、人力、物力、财力才能整改的为重大火灾隐患整改。重大整改一般情况下都应由隐患存在企业负责，成立专门组织，各类人员参加研究，并根据公安消防机关的《火险隐患整改通知书》或《停产停业整改通知书》的要求，结合本企业的实际情况制定出一套切实可行，并限定在一定时间或期限内整改的方案，并将方案报请上级主管部门和公安消防机关批准，整改完毕应申请复查验收。

[法律提示]

根据《机关、团体、企业、事业单位消防安全管理规定》（公安部令第61号）的规定，对不能当场改正的火灾隐患，消防工作归口管理职能部门或者专兼职消防管理人员应当根据本单位的管理分工，及时将存在的火灾隐患向单位的消防安全管理人或者消防安全责任人报告，提出整改方案。消防安全管理人或者消防安全责任人应当确定整改的措施、期限以及负责整改的部门、人员，并落实整改资金。

在火灾隐患未消除之前，单位应当落实防范措施，保障消防安全。不能确保消防安全，随时可能引发火灾或者一旦发生火灾将严重危及人身安全的，应当将危险部位停产停业整改。

火灾隐患整改完毕，负责整改的部门或者人员应当将整改情况记录报送消防安全责任人或者消防安全管理人签字确认后存档备查。

对于涉及城市规划布局而不能自身解决的重大火灾隐患，以及机关、团体、事业单位确无能力解决的重大火灾隐患，单位应当提出解决方案并及时向其上级主管部门或者当地人民政府报告。

对公安消防机构责令限期改正的火灾隐患，单位应当在规定的期限内改正并写出火灾隐患整改复函，报送公安消防机构。

[想一想]

注意观察工作或生活的身边有没有火险隐患，该如何去消除他们？

22. 什么是事故应急预案？

事故应急预案，又名"预防和应急处理预案""应急处理预案""应急计划"或"应急救援预案"，是事先针对可能发生的事故（件）或灾害进行预测，而预先制定的应急与救援行动、降低事故损失的有关救援措施、计划或方案。事故应急预案实际上是标准化的反应程序，以使应急救援活动能迅速、有序地按照计划和最有效的步骤来进行。

事故应急预案最早是为预防、预测和应急处理"关键生产装置事故""重点生产部位事故""化学泄漏事故"而预先制

定的对策方案。应急预
案有三个方面的含义：

应急预案有三个方面的含义……

（1）事故预防

通过危险辨识、事
故后果分析，采用技术
和管理手段降低事故发
生的可能性且使可能发
生的事故控制在局部，
防止事故蔓延。

（2）应急处理

万一发生事故（或
故障），有应急处理程
序和方法，能快速反应处理故障或将事故消除在萌芽状态。

（3）抢险救援

采用预定制定的现场抢险和抢救的方式方法，控制或减少
事故造成的损失。

　[相关链接]

重大事故应急预案根据层次可分为三种：

（1）综合预案

相当于总体预案，从总体上阐述预案的应急方针、政策，
应急组织结构及相应的职责，应急行动的总体思路等。

（2）专项预案

是针对某种具体的、特定类型的紧急情况而制定的计划或
方案，是综合应急预案的组成部分，应按照综合应急预案的程
序和要求组织制定，并作为综合应急预案的附件。

（3）现场处置方案

是在专项预案的基础上，根据具体情况而编制的。现场处置方案的特点是针对某一具体场所的该类特殊危险及周边环境情况，在详细分析的基础上，对应急救援中的各个方面做出具体、周密而细致的安排。现场处置方案的另一特殊形式为单项预案。

 [法律提示]

在《中华人民共和国安全生产法》《危险化学品安全管理条例》《中华人民共和国职业病防治法》《国务院关于特大安全事故行政责任的规定》《机关、团体、企业、事业企业消防安全管理规定》等法规文件中都明确规定政府和生产经营企业主要负责人应组织制定事故应急救援预案。

法律、法规明确要求：消防安全重点单位制定的灭火和应急疏散预案应当包括下列内容：

（1）组织机构，包括：灭火行动组、通讯联络组、疏散引导组、安全防护救护组。

（2）报警和接警处置程序。

（3）应急疏散的组织程序和措施。

（4）扑救初起火灾的程序和措施。

（5）通讯联络、安全防护救护的程序和措施。

23. 应急演练的主要任务是什么？

应急演练是由多个组织共同参与的一系列行为和活动，按照应急演练的三个阶段，可将演练前后应予完成的内容和活动分解并整理成20项单独的基本任务，如确定演练目标和演练范围，编写演练方案，确定演练现场规则，制定评价人员，安排后勤工作，记录应急组织演练表现；编写书面评价报告和演练总结报告，评价和报告不足项补救措施，追踪整改项的纠正等。

感觉安全通道还不够畅通……

应急演练目的是通过培训、评估、改进等手段提高保护人民群众生命财产安全和环境的综合应急能力；说明应急预案的各部分或整体是否能有效地实施；验证应急预案应急可能出现的各种紧急情况的适应性，找出应急准备工作中可能需要改善的地方；确保建立和保持可靠的通信渠道及应急人员的协同性；确保所有应急组织都熟悉并能够履行他们的职责，找出需要改善的潜在问题。

应急演练可以分为以下几种：

（1）桌面演练

桌面演练是指由应急组织的代表或关键岗位人员参加的，按照应急预案及其标准工作程序，讨论紧急情况时应采取行动的演练活动。桌面演练的特点是对演练情景进行口头演练，一般是在会议室内举行的。

（2）功能演练

功能演练是指针对某项应急响应功能或其中某些应急响应行动举行的演练活动，主要目的是测试应急响应功能。例如，指挥和控制功能的演练，检测、评价多个政府部门在紧急状态下实现集权式的运行和响应能力等。演练地点主要集中在若干个应急指挥中心或现场指挥部，并开展有限的现场活动，调用有限的外部资源。

（3）全面演练

全面演练指针对应急预案中全部或大部分应急响应功能，检验、评价应急组织应急运行能力的演练活动。全面演练一般要求持续几个小时，采取交互方式进行，演练过程要求尽量真实，调用更多的应急人员和资源，并开展人员、设备及其他资源的实战性演练，以检验相互协调的应急响应能力。

为充分发挥演练在检验和评价城市应急能力方面的重要作用，演练策划人员、参演应急组织和人员针对不同应急功能的演练时，应注意如下演练实施要点：早期通报；指挥与控制；通信；警报与紧急公告；公共信息与社区关系；资源管理；卫生与医疗服务；应急响应人员安全；公众保护措施；火灾与搜救；执法；事态评估；人道主义服务；市政工程等。

[相关链接]

演练结束后，进行总结与讲评是全面评价演练是否达到演练目标、应急准备水平及是否需要改进的一个重要步骤，也是演练人员进行自我评价的机会。演练总结与讲评可以通过访谈、汇报、协商、自我评价、公开会议和通报等形式完成。演练总结应包括如下内容：演练背景，参与演练的部门和单位，演练方案和演练目标，演练过程的全面评价，演练过程中发现的问题和整改措施，对应急预案和有关程序的改进建议，对应急设备、设施维护与更新的建议，对应急组织、应急响应人员能力和培训的建议。

应急演练结束后应对演练的效果做出评价，并提交演练报告，详细说明演练过程中发现的问题。按照对应急救援工作及时性、有效性的影响程度，将演练过程中发现的问题作如下定义和处理：

（1）不足项

不足项是指演练过程中观察或识别出的应急准备缺陷，可能导致在紧急事件发生时，不能确保应急组织或应急救援体系有能力采取合理应对措施。不足项应在规定的时间内予以纠正。

（2）整改项

整改项是指演练过程中观察或识别出的，单独不可能在应急救援中对公众的安全与健康造成不良影响的应急准备缺陷。整改项应在下次演练前予以纠正。

（3）改进项

改进项是指应急准备过程中应予改善的问题。改进项不同于不足项和整改项，它不会对人员安全与健康产生严重的影响，视情况予以改进，不必一定要求予以纠正。

 [法律提示]

根据《机关、团体、企业、事业单位消防安全管理规定》（公安部令第61号）的规定，消防安全重点单位应当按照灭火和应急疏散预案，至少每半年进行一次演练，并结合实际，不断完善预案。其他单位应当结合本单位实际，参照制定相应的应急方案，至少每年组织一次演练。

消防演练时，应当设置明显标识并事先告知演练范围内的人员。

火灾与燃烧相关知识

24. 什么是燃烧?

任何一起火灾的发生都是由于失去控制的燃烧所致。燃烧是指可燃物与氧化剂作用发生的放热反应。

水蒸气

二氧化碳

木炭

灰烬

燃烧是一种化学反应,物质燃烧之后发生了变化,生成与原来不同的物质,如木材燃烧后生成木炭、灰烬、二氧化碳和水蒸气。

燃烧还伴有放热、发光和发烟现象。放热是存在于物质中的化学能,在物质燃烧时一部分转变成热能。发光,是人们用肉眼能观察到的光亮,由于物质的化学组成不同,以及所处环境不同,有些物质燃烧时光弱不易被观察到,而多数可燃物质燃烧时火焰光亮,且带有不同的冒烟现象。烟是燃烧产物中悬浮在空气中的微小的颗粒群。

[知识学习]

随着科学技术的发展,人们对燃烧的本质有了进一步的认识，认为燃烧是一种自由基的链锁反应。所谓自由基，亦称游离基，是指物质分子受光、热等作用分裂而成的一种瞬变的、不稳定的活性原子或原子团。反应开始后，自由基就会迅速地作用于其他参与反应的化合物分子或原子，产生新的自由基，它们又诱发其他分子一个接一个地分解生成大量新的自由基，从而形成不断扩张、循环传递的链式反应过程，直至参与反应的物质全部反应完毕。如果加入抑制剂使自由基消失，由于链式反应中断，燃烧就停止了。

25. 燃烧的条件和要素是什么？

燃烧反应必须有氧化剂（助燃物）和还原剂（可燃物）参加，此外，还要有引发燃烧的引火源。

（1）可燃物

可燃物在燃烧反应中作为还原剂出现，凡是能与空气中的氧或其他氧化剂起燃烧反应的物质，均称为可燃物。可燃物按其物理状态分为气体、液体和固体。

（2）氧化剂

燃烧反应中氧化剂是引起燃烧反应必不可少的条件。在一般火灾中，空气中的氧是最常见的氧化剂。

（3）引火源

凡是能引起物质燃烧的引燃能源，统称为引火源。

上述三个条件通常被称为燃烧三要素。这三个条件只有同时存在，并满足一定的条件，相互作用，才会导致燃烧现象的发生。

（4）相互作用

可用经典燃烧三角形表示燃烧三要素的关系，如图1所示。燃烧三要素（三边连接）同时存在，相互作用，燃烧才会发生。

[相关链接]

经典的燃烧三角形一般足以说明燃烧得以发生和持续进行的原理。但是根据燃烧的链锁反应理论，很多燃烧的发生和持续有游离基（自由基）作"中间体"，因此燃烧三角形应扩大到包括一个说明游离基参加燃烧反应的三维模式，从而形成一个燃烧四面体，如图2所示。

图1　燃烧三角形

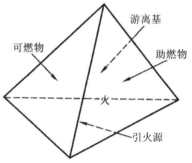

图2　燃烧四面体

[知识学习]

（1）虽有氧气存在，但浓度不够，燃烧也不会发生。氧气浓度必须大于等于可燃物点燃所需要的最低氧含量。

（2）可燃气体（蒸气）只有达到一定浓度，才会发生燃烧（爆炸）。如有可燃气体（蒸气），但浓度不够，燃烧（爆炸）也不会发生。如在20℃时，用明火接触煤油，煤油并不立即燃烧，这是因为煤油在20℃时的蒸气量，还没有达到燃烧所需的浓度，因而虽有足够的氧及引火源，也不能发生燃烧。

（3）不管何种形式的引火源，引火能量必须达到一定的强度才能引起燃烧反应。否则，燃烧就不会发生。不同的可燃物所需引火能量的强度，即引起燃烧的最小引火能量不同。低于这个能量就不能引起可燃物燃烧。

[想一想]

平时我们该如何管理我们身边的点火源，如打火机、电炉、烧水器等？

26. 火灾如何分类？

（1）按燃烧对象分类

1）A类火灾。固体物质火灾，这种物质通常是有机物性质，一般在燃烧时能产生灼热的余烬。固体物质是火灾中最常见的燃烧对象，木材及木制品、纤维板、胶合板、纸张、纸板、棉花、棉布、服装、粮食、谷类、豆类、合成橡胶、合成纤维、合成塑料、化工原料、建筑材料、装饰材料等，种类极其繁杂。

2）B类火灾。液体或可熔化的固体物质燃烧，如煤油、柴油、重油、动植物油，还包括如酒精、苯、乙醚、丙酮等各种有机溶剂。原油罐、汽油罐是B类火灾的重点保护对象。

3）C类火灾。可燃气体燃烧引起的火灾，如煤气、天然气、甲

粮食

棉花

纸张、纸板

木材及木制品

烷、氢等引起的火灾。

4）D类火灾。可燃金属燃烧引起的火灾，如钠、钾、钙、镁、铝、锶等金属火灾。

5）E类火灾。带电火灾，指带电的电气设备及其他相关物体燃烧的火灾。

6）F类火灾。烹饪器具内的烹饪物（如动植物油脂）火灾。

（2）按火灾损失严重程度分类

2007年6月26日，公安部下发了《关于调整火灾等级标准的通知》（公传发[2007]245号）。根据《生产安全事故报告和调查处理条例》（中华人民共和国国务院令第493号）规定的生产安全事故等级标准，新的火灾等级标准将火灾等级增加为四个等级，由原来的特大火灾、重大火灾、一般火灾三个等级调整为特别重大火灾、重大火灾、较大火灾和一般火灾四个等级。

1）特别重大火灾是指造成30人以上死亡，或者100人以上重伤，或者1亿元以上直接财产损失的火灾。

2）重大火灾是指造成10人以上30人以下死亡，或者50人以上100人以下重伤，或者5 000万元以上1亿元以下直接财产损失的火灾。

3）较大火灾是指造成3人以上10人以下死亡，或者10人以上50人以下重伤，或者1 000万元以上5 000万元以下直接财产损失的火灾。

4）一般火灾是指造成3人以下死亡，或者10人以下重伤，或者1 000万元以下直接财产损失的火灾。

注："以上"包括本数，"以下"不包括本数。

（3）按火灾发生场地与燃烧物质分类

1）建筑火灾。主要有普通建筑火灾、高层建筑火灾、大空间建筑火灾、商场火灾、地下建筑火灾、古建筑火灾等。

2）物资（仓库）火灾。主要有化学危险品库火灾、石油库火灾、可燃气体库火灾等。

3）生产工艺火灾。主要有普通工厂矿山火灾、化工厂火灾、石油化工厂火灾、可燃爆矿火灾等。

4）原野火灾（自然火灾）。主要有森林火灾、草原火灾等。

5）运输工具火灾。主要有汽车火灾、火车火灾、船舶火灾、飞机火灾、航天器火灾等。

6）特种火灾。主要有战争火灾、地震火灾、辐射性区域火灾等。

 [知识学习]

在所有火灾中，按损失划分，建筑火灾约占2/3，是损失最大的；在物资火灾中，石油库火灾损失最大；在原野火灾中，森林火灾损失最大，现在全世界28亿公顷森林中，每年火灾烧毁约1 000万公顷。

27. 常见的起火原因有哪些?

火灾的起因很多，一般是由以下原因导致的：

（1）放火

刑事犯放火，精神病人、智障人放火，自焚等。

（2）违反电气安装安全规定

电气设备安装不合规定，导线保险丝不合格，避雷设备、排除静电设备未安装或不符合规定要求等。

（3）违反电气使用安全规定

电气设备超负荷运行、导线短路、接触不良、静电放电以及其他原因引起电气设备着火等。

（4）违反安全操作规定

在进行气焊、电焊操作时，违反操作规定；在化工生产中出现超温超压、冷却中断、操作失误而又处理不当；在储存运输易燃、易爆物品时，发生摩擦撞击，混存，遇水、酸、碱、热等。

不好，因为违反电气安装安全规定而引起了电气火灾！

（5）吸烟

乱扔烟头、火柴杆等。

（6）生活用火不慎

炉灶、燃气用具、煤油炉发生故障或使用不当等。

（7）玩火

小孩玩火，燃放烟花、爆竹等。

（8）自燃

物质受热；植物，涂油物，煤堆垛过大、过久而又受潮、受热；化学危险品遇水、遇空气，相互接触、撞击、摩擦自燃等。

（9）自然灾害

雷击、风灾、地震及其他自然灾害等。

（10）其他

不属于以上九类的其他原因，如战争等。

[相关链接]

工业企业生产中，最常见的火灾安全事故是由于违反安全操作规程引起的。

28. 什么是爆炸?

在自然界中存在各种爆炸现象。广义地讲，爆炸是物质系统的一种极为迅速的物理的或化学的能量释放或转化过程，是系统蕴藏的或瞬间形成的大量能量在有限的空间和极短的时间内，骤然释放或转化的现象。在这种释放和转化的过程中，系统的能量将转化为机械功以及光和热以及辐射等。

爆炸极限是表征可燃气体和可燃粉尘危险性的主要参数。当可燃性气体、蒸气或可燃粉尘与空气（或氧）在一定浓度范围内均匀混合，遇到火源发生爆炸的浓度范围称为爆炸浓度极限，简称爆炸极限。将这一浓度范围的混合气体（或粉尘）称作爆炸性混合气体（或粉尘）。可燃性气体、蒸气的爆炸极限一般用可燃气体或蒸气在混合气体中的所占体积分数来表示；可燃粉尘的爆炸极限是以在混合物中的质量浓度（克/立方米）来表示。把能够爆炸的最低浓度称作爆炸下限；能发生爆炸的最高浓度称作爆炸上限。爆炸极限受以下几个方面条件的影响：

（1）温度的影响

混合爆炸气体的初始温度越高，爆炸极限范围越宽，则爆炸下限降低，上限增高，爆炸危险性增加。这是因为在温度增高的情况下，活化分子增加，分子和原子的动能也增加，使活化分子具有更大的冲击能量，爆炸反应容易进行，使原来含有过量空气（低于爆炸下限）或可燃物（高于爆炸上限）而不能使火焰蔓延的混合物浓度变成可以使火焰蔓延的浓度，从而扩大了爆炸极限范围。

（2）压力的影响

混合气体的初始压力对爆炸极限的影响较复杂，在0.1~2.0兆帕的压力下，对爆炸下限影响不大，对爆炸上限影响较大；当大于2.0兆帕时，爆炸下限变小，爆炸上限变大，爆炸范围扩大。这是因为在高压下混合气体的分子浓度增大，反应速度加快，放热量增加，且在高气压下，热传导性差，热损失小，有利于可燃气体的燃烧或爆炸。

（3）惰性介质的影响

若在混合气体中加入惰性气体（如氮、二氧化碳、水蒸气、氩等），随着惰性气体含量的增加，爆炸极限范围缩小。当惰性气体的浓度增加到某一数值时，使爆炸上、下限趋于一致，使混合气体不发生爆炸。这是因为加入惰性气体后，使可燃气体的分子和氧分子隔离，它们之间形成一层不燃烧的屏障，而当氧分子冲击惰性气体时，活化分子失去活化能，使反应链中断。若在某处已经着火，则放出热量被惰性气体吸收，热量不能积聚，火焰不能蔓延到可燃气体分子上去，可起到抑制作用。

（4）爆炸容器对爆炸极限的影响

爆炸容器的材料和尺寸对爆炸极限有影响，若容器材料的传热性好，管径越细，火焰在其中越难传播，爆炸极限范围变小。当容器直径或火焰通道小到某一数值时，火焰就不能传播下去，这一直径称为临界直径或最大灭火间距。如甲烷的临界直径为0.4~0.5毫米，氢和乙炔为0.1~0.2毫米。目前一般采用直径为50毫米的爆炸管或球形爆炸容器。

（5）点火源的影响

当点火源的活化能量越大，加热面积越大，作用时间越长，爆炸极限范围也越大。

[相关链接]

一般来说，爆炸现象具有以下特征：

（1）爆炸过程进行得很快。

（2）爆炸点附近压力急剧升高，产生冲击波。

（3）发出或大或小的响声。

（4）周围介质发生震动或临近物质遭到破坏。

[想一想]

生活和生产中，经常用到哪些爆炸作用？

29. 爆炸如何分类？

（1）按照爆炸产生的原因和性质分类

1）物理爆炸。它是由物理因素（温度、压力、体积等）的变化引起。在物理爆炸前后，物质的性质与化学成分均不改变，如锅炉爆炸、压力容器超压爆炸、蒸气爆炸等。

2）化学爆炸。灾害发生时，物质由一种化学结构迅速转变为另一种化学结构，瞬间放

按照灾害产生的原因和性质可将爆炸分为物理爆炸和化学爆炸。

物理爆炸

化学爆炸

出大量的能量，并对外做功形成灾害。如可燃气体或粉尘与空气形成的爆炸性混合物爆炸，炸药失控爆炸等。

（2）按照爆炸反应相分类

1）气相爆炸。该类爆炸包括可燃气体和助燃气体混合物爆炸，气体热分解爆炸，液体被喷成雾状物点燃后引起的爆炸，飞扬悬浮于空气中的可燃物尘引起的爆炸等。

2）液相爆炸。该类爆炸包括聚合爆炸，是由不同液体混合引起的爆炸，如硝酸甘油脂混合时引起的爆炸。

3）固相爆炸。该类爆炸包括失控爆炸性化合物爆炸引起的。

（3）按照爆炸的变化传播速度分类

按照爆炸的变化传播速度，化学爆炸可分为爆燃、爆炸、爆轰。

1）爆燃。爆炸物质的变化速率为每秒数十米至百米，爆炸时压力不激增，没有爆炸特征响声，无多大破坏力。例如气体爆炸性混合物在接近爆炸浓度下限或上限的爆炸属爆燃。

2）爆炸。爆炸物质的变化速率为每秒百米至千米，爆炸时仅在爆炸点引起压力激增，有震耳的响声和破坏作用，如火药受摩擦或遇火源引起的爆炸。

3）爆轰。这种爆炸的特点是突然升起极高的压力，其传播是通过超音速的冲击波实现的，每秒可达数千米。这种冲击波能远离爆轰发源地而存在，并引起该处其他炸药的爆炸，具有很大的破坏力。

（4）按照爆炸发生原因与发生过程分类

1）燃烧类火灾与爆炸。指处于密闭、敞开，或半敞开式空间的可燃物质，在某种火源作用下引起的火灾与爆炸事故。露天堆场火灾、建筑物火灾、各种设备（釜、槽、罐、压缩机、管道等）的火灾或爆炸、交通工具火灾、仓库火灾等多属于燃烧类火灾与爆炸事故。

2）泄漏类火灾与爆炸。指处理、贮存或运输可燃物质的容器、机械设备，因某种原因造成破裂而使可燃物质泄漏到大气中或进入有限空间内或外界空气进入装置内，遇引火源发生的火灾与爆炸事故。

3）自燃类火灾与爆炸。指可燃物不与明火接触而发生着火燃烧的现象称为自燃，由此引发的火灾爆炸事故。物质自燃往往不引起人们的重视，有很多自燃现象的发生又是很难预料的，绝大多数发生在生产装置区内的操作和检修过程中，危险性极大。

4）反应失控类火灾与爆炸。由于正常的工艺条件发生失调，使反应加速，发热量增多，蒸气压过大或反应物料发生分解、燃烧而引起的。这种事故多发生在反应器（釜、罐、塔、锅、槽）中。正常的情况是当放热的化学反应进行时，其反应热借助搅拌、蛇形管或夹套冷却移出反应体系之外，以维持平衡的正常反应。一旦这个平衡被破坏，蒸气压力会剧增而发生事故。

5）传热类蒸气爆炸。是热由高温物体急剧地向与之接触的低温液体传递，造成液相向气相的瞬间相变而发生的爆炸事故。这种爆炸事故属于潜热型火灾爆炸事故。作为容易产生传热类蒸气爆炸的物质除水以外，还有低温液化气等石油制品类液体。

6）破坏平衡类蒸气爆炸。指带压容器内的蒸气压平衡状态遭到破坏时，液相部分会立即转为过热状态，急剧沸腾而发生蒸气爆炸。按照爆炸前可燃液体的状态，可分成高压可燃液体的蒸气爆炸、加热可燃液体的蒸气爆炸和常温可燃液化气体的蒸气爆炸。

30. 爆炸的破坏性作用有哪些?

（1）冲击波

爆炸形成的高温、高压、高能量密度的气体产物，以极高的速度向周围膨胀，强烈压缩周围的静止空气，使其压力、密度和温度突然升高，像活塞运动一样推向前进，产生波状气压向四周扩散冲击。这种冲击波能造成附近建筑物的破坏，其破坏程度与冲击波能量的大小有关，与建筑物的坚固程度及其与产生冲击波的中心距离有关。

（2）机械破坏

爆炸的机械破坏效应会使容器、设备、装置以及建筑材料等的碎片，在相当大的范围内飞散而造成伤害。碎片四处飞散距离一般可达100~500米。

（3）震荡作用

爆炸发生时，特别是较猛烈的爆炸往往引起短暂的地震波。在爆炸波及范围内，这种地震波会造成建筑物的震荡、开裂、松散倒塌等事故。

（4）造成二次事故

发生爆炸时，如果车间、库房（如制氢车间、汽油库或其他建筑物）里存放有可燃物资，会因爆炸引起火灾；高空作业人员受冲击波或震荡作用，会造成高处坠落事故；粉尘作业场所轻微的爆炸冲击波会使积存于地面上的粉尘扬起，造成更大范围的二次爆炸；爆炸产生的大量毒性气体产物可引发中毒事故等。

31. 生产的火灾危险性有哪些？

根据物质性质和生产加工过程中的火灾危险性大小，按照《建筑设计防火规范》（GB50016—2014），将生产的火灾危险性分为甲、乙、丙、丁、戊五个类别。

表1　　　　　　　　　生产的火灾危险性分类

生产类别	火灾危险性特征
	使用或产生下列物质的生产的火灾危险性分类
甲	1. 闪点小于28℃的液体 2. 爆炸下限小于10%的气体 3. 常温下能自行分解或在空气中氧化能导致迅速自燃或爆炸的物质 4. 常温下受到水或空气中水蒸气的作用，能产生可燃气体并引起燃烧或爆炸的物质 5. 遇酸、受热、撞击、摩擦、催化以及遇有机物或硫黄等易燃的无机物，极易引起燃烧或爆炸的强氧化剂 6. 受撞击、摩擦或与氧化剂、有机物接触时能引起燃烧或爆炸的物质 7. 在密闭设备内操作温度大于等于物质本身自燃点的生产
乙	1. 闪点大于等于28℃，但小于60℃的液体 2. 爆炸下限大于等于10%的气体 3. 不属于甲类的氧化剂 4. 不属于甲类的化学易燃危险固体 5. 助燃气体 6. 能与空气形成爆炸性混合物的浮游状态的粉尘、纤维、闪点大于等于60℃的液体雾滴
丙	1. 闪点大于等于60℃的液体 2. 可燃固体

续表

生产类别	火灾危险性特征
	使用或产生下列物质的生产的火灾危险性分类
丁	1. 对不燃烧物质进行加工，并在高温或熔化状态下经常产生强辐射热、火花或火焰的生产 2. 利用气体、液体、固体作为燃料或将气体、液体进行燃烧作其他用的各种生产 3. 常温下使用或加工难燃烧物质的生产
戊	常温下使用或加工不燃烧物质的生产

　　丁、戊类物品本身虽然是难燃烧或不燃烧的，但其包装很多是可燃的（如木箱、纸盒等），这两类物品，除考虑本身的燃烧性能外，还要考虑可燃包装的数量，当难燃物品、非燃物品的可燃包装重量超过物品本身重量的1/4时，其火灾危险性应为丙类。

[知识学习]

　　《建筑设计防火规范》（GBJ16-87）制定于1987年。2006年，中华人民共和国建设部和国家质量监督检验检疫总局联合公布了国家标准《建筑设计防火规范》（GB50016—2006），GBJ16-87同时废止。2014年8月27日，中华人民共和国住房和城乡建设部第517号公告发布了最新国家标准GB 50016—2014《建筑设计防火规范》，自2015年5月1日实施，原《建筑设计防火规范》GB 50016—2006同时废止。

32. 燃烧和爆炸有什么关系?

　　燃烧和化学性爆炸两者都需具备可燃物、氧化剂和火源这三个基本因素。因此，燃烧和化学性爆炸就其本质来说是相同

可燃物　　　　　氧化剂

燃烧和爆炸

火源

的，而它们的主要区别在于氧化反应速度不同。燃烧速度（即氧化速度）越快，燃烧热的释放越快，所产生的破坏力也越大。由于燃烧和化学性爆炸的主要区别在于物质的燃烧速度，所以火灾和爆炸的发展过程有显著的不同。火灾有初起阶段、发展阶段和衰弱熄灭阶段，造成的损失随着时间的延续而加重，因此，一旦发生火灾，如能尽快地进行扑救，即可减少损失。化学性爆炸实质上是瞬间的燃烧，通常在1秒之内已经完成，由于爆炸威力所造成的人员伤亡、设备毁坏和厂房倒塌等巨大损失均发生于顷刻之间，猝不及防，因此爆炸一旦发生，损失已无从减免。

　　燃烧和化学性爆炸两者可随条件而转化。同一物质在一种条件下可以燃烧，在另一种条件下可以爆炸。例如，煤块只能缓慢地燃烧，如果将它磨成煤粉，再与空气混合后就可能爆炸，这也能说明燃烧和化学性爆炸在本质上是相同的。

　　由于燃烧和爆炸可以随条件而转化，所以生产过程发生的这类事故，有些是先爆炸后燃烧，例如油罐、电石库或乙炔发生器爆炸后，接着往往是一场大火；而某些情况下会是发生火灾而后爆炸，例如抽空的油槽在着火时，可燃蒸气不断消耗，而又不能及时补充较多的可燃蒸气，因而浓度不断下降，当蒸气浓度下降到爆炸极限范围内时，则发生爆炸。

[相关链接]

很多时候，发生火灾事故时，同时会伴随爆炸，造成更大的损失。

33. 爆炸和火灾危险场所区域是如何划分的?

爆炸和火灾危险场所的区域划分见表2所示。

表2　　　　爆炸和火灾危险场所的区域划分

类别	特征	分级	特征
1	有可燃气体或易燃液体蒸气爆炸危险的场所	0区	正常情况下，能形成爆炸性混合物的场所
		1区	正常情况下不能形成，但在不正常情况下能形成爆炸性混合物的
		2区	不正常情况下整个空间形成爆炸性混合物可能性较小的场所
2	有可燃粉尘或可燃纤维爆炸危险的场所	10区	正常情况下，能形成爆炸性混合物的场所
		11区	仅在不正常情况下，才能形成爆炸性混合物的场所
3	有火灾危险性的场所	21区	在生产过程中，生产、使用、储存和输送闪点高于场所环境温度的可燃液体，在数量上和配置上能引起火灾危险的场所
		22区	在生产过程中，不可能形成爆炸性混合物的可燃粉尘或可燃纤维在数量和配置上能引起火灾危险的场所
		23区	有固体可燃物质在数量和配置上能引起火灾危险的场所

[相关链接]

表2中的"正常情况"包括正常的开车、停车、运转（如敞开装料、卸料等），也包括设备和管线正常允许的泄漏情况。"不正常情况"包括装置损坏、误操作及装置的拆卸、检修、维护不当、泄漏等。

34. 什么是遇水着火物质?

遇水着火物质与水接触时能起强烈的化学反应，并产生可燃气体和热量而引起燃烧。属于这类物质的有：

（1）碱金属和碱土金属

锂

如锂、钠、钾、钙、锶、镁等，它们与水反应生成大量的氢气，有点火源就会燃烧、爆炸。

（2）氢化物

如氢化钠与水接触能放出氢气并产生能量，能使氢气自燃。

（3）碳化物

如碳化钙、碳化钾、碳化钠等。碳化钙（电石）与水接触能生成乙炔，这种气体能燃烧或爆炸。

（4）磷化物

如磷化钙、磷化锌等，它们与水作用生成磷化氢，而这种气体在空气中能发生自燃。

[知识学习]

在火灾中，如果是或者存在以上所列的遇水着火物质，千万不能用水或含水的灭火器灭火，不然只能会造成更大规模的火灾。

35. 什么是易燃液体?

凡在常温下以液体状态存在，遇火容易引起燃烧，其闪点在45℃以下的物质叫易燃液体物质。其特性有：蒸气易燃、易爆性，受热膨胀性，易聚集静电，高度的流动扩展性，与氧化性强酸及氧化剂作用，具有不同程度的毒性等。

在《化学品分类和危险性公示 通则》（GB13690-2009）中，易燃液体是指闪点不高于93℃的液体。易燃液体的燃烧是通过其挥发的蒸气与空气形成可燃混合物，达到一定的浓度后遇火源而实现的。

所谓闪点，即在规定条件下，可燃性液体加热到它的蒸气和空气组成的混合气体与火焰接触时，能产生闪燃的最低温度。闪点是表示易燃液体燃、爆危险性的一个重要指标，闪点越低，燃爆危险性越大。

[知识学习]

根据闪点不同，将能燃烧的液体分为两类四级：

第一级：闪点在28℃以下，如汽油、酒精等。

第二级：闪点在28~45℃之间，如丁醇、煤油等。

第三级：闪点在46~120℃之间，如苯酚、柴油等。

第四级：闪点在121℃以上，如润滑油、桐油等。

两类即：属于第一、第二级的液体称为易燃液体；属于第三、第四级的液体称为可燃液体。

36. 什么是自燃性物质?

从狭义上说，自燃是指可燃物在常温常压大气环境中，与空气中的氧气发生化学反应而自行发热，从而引起可燃物自行燃烧的现象。例如黄磷、黏附油脂的废布等在正常大气环境中发生的自燃。

自燃物质是指自燃点低，在空气中易于发生氧化反应，放出热量而自行燃烧的物质。自燃物质包括发火物质和自热物质两类。发火物质是指与空气接触不足5分钟便可自行燃烧的液体、固体或液体混合物。自燃性物质是指与空气接触不需要外部热源便自行发热而燃烧的物质。

根据自燃物质发生自燃的难易程度，自燃物质可分为两类：一级自燃物质、二级自燃物质。

[知识学习]

自燃物质的特性如下：

（1）遇空气自燃性

自燃物质大部分非常活泼，具有极强的还原活性，接触空气中的氧气时被氧化，同时产生大量的热，从而达到自燃点而着火、爆炸，发生自燃的过程不需要明火点燃。如：黄磷性质活泼，极易氧化，自燃点又特别低（只有34℃），一经暴露在空气中便很快引起自燃。

（2）遇湿易燃、易爆性

有些自燃物质遇水或受潮后能分解引起自燃或爆炸，如：保险粉（连二亚硫酸钠）遇水受潮会自燃；二乙基锌、三乙基铝（烷基铝）等硼、锌、锑、铝的烷基化合物类等自燃物品的化学性质很不稳定，不但在空气中能自燃，遇水还会强烈分解，产生易燃的氢气，可引起燃烧、爆炸等后果。

（3）积热自燃性

自燃物质加热到某一温度，可使氧化反应自动加速而着火；有时不需要外部加热，在常温下就能缓慢分解，当堆积在一起或仓储温度过高时，也可以依靠自身的连锁反应链，通过积热使自身温度升高，促使化学反应自动加速，最终可达到着火温度而发生自燃。

（4）毒害腐蚀性

自燃物质及其燃烧产物经常带有较强的毒害腐蚀性。如：硫化钠（臭碱）具有毒害腐蚀性；黄磷及其燃烧时产生的五氧化二磷烟雾均为有毒物质。

37. 什么是爆炸性混合物?

爆炸性混合物的危险性是由它的爆炸极限、传爆能力、引燃度温度和最小点燃电流决定的。根据爆炸性混合物的危险性并考虑实际生产过程的特点，一般将爆炸性混合物分为三类：I类为矿井甲烷；Ⅱ类为工业气体（如工厂爆炸性气体、蒸气、薄雾等）；Ⅲ类为工业粉尘（如爆炸性粉尘、易燃纤维等）。

可燃性物质与助燃物质相混合生成的爆炸性混合物发生反应所引起的。包括可燃气体、蒸气和可燃粉尘与空气（或氧气）组成的混合物。

（1）爆炸性气体混合物的分级分组

在分类的基础上，各种爆炸性混合物是按最大试验安全间隙（MESG）和最小点燃电流（MIC）分级，按引燃温度分组，主要是为了配置相应电气设备，以达到安全生产的目的。爆炸性气体混合物，按最大试验安全间隙的大小分为ⅡA、ⅡB、ⅡC三级，安全间隙的大小反映了爆炸性气体混合物的传爆能力，间隙越小，其传爆能力就越强，危险性越大；反之，间隙越大，其传爆能力越弱，危险性也越小。爆炸性气体混合物，按照最小点燃电流的大小分为ⅡA、ⅡB、ⅡC三级，最小点燃电流越小，危险性就越大。爆炸性气体混合物按引燃温度的高低，分为T1、T2、T3、T4、T5、T6六组，引燃温度越低的物质，越容易爆炸。

（2）爆炸性粉尘混合物的分级分组

爆炸性粉尘混合物级组根据粉尘特性（导电或非导电）和引燃温度的高低分为ⅢA、ⅢB二级，T11、T12、T13三组。引燃温度是爆炸性混合物不需要用明火即能引燃的最低温度。

 [知识学习]

爆炸浓度极限是指可燃气体、蒸气或粉尘与空气混合后，遇火源能产生爆炸的最高或最低浓度。最高浓度，叫爆炸上限；最低浓度，叫爆炸下限。上限与下限的间隔，叫作爆炸范围。只有处于爆炸范围内的可燃物质与空气的混合物才有爆炸危险。

38. 什么是消防安全标志?

消防安全标志用以表达特定的安全信息，标志由几何图形、图形符号和安全色组成。悬挂消防安全标志是为了能够引起人们对不安全因素的注意，预防发生事故。

（1）火灾报警和手动控制装置的标志

消防手动启动器　　　发声警报器　　　　火警电话

（2）紧急时疏散途径的标志

紧急出口　　　　　　　　紧急出口

疏散通道方向　　　　　　疏散通道方向

灭火设备或报警　　　　灭火设备或报警
装置的方向　　　　　　装置的方向

（3）灭火设备的标志

灭火设备

灭火器

消防水带

地下消火栓

消防水泵接合器

地上消火栓

（4）有火灾爆炸危险性的地方或物质的标志

当心火灾—易燃物质

当心火灾—氧化物

当心爆炸—爆炸性物质

禁止用水灭火

禁止吸烟

禁止烟火

禁止放易燃物

禁止带火种

禁止燃放鞭炮

[想一想]

工作和生活中，你是否有意识地注意过消防安全标志的存在呢？你了解消防安全标志的用途吗？

 火灾预防

39. 防火防爆的基本原理是什么?

在制定防火防爆措施时,可从下面四个方面去考虑:

(1)预防性措施

这是最理想、最重要的措施。其基本点就是使可燃物、氧化剂与点火(起爆)能源没有结合的机会,从根本上杜绝发火(引爆)的可能性。

(2)限制性措施

这是指一旦发生火灾爆炸事故,限制其蔓延、扩大的措施。如工厂的安全布置,限制物料数量、安装阻火、泄压装置,设防火墙等。

(3)消防措施

万一不慎起火,要尽快组织人员扑灭。特别是如果能在着火的初期就能将火扑灭,可以避免发生更大的火灾。从广义上讲,这也是防火措施的一部分。

(4)疏散性措施

预先采取必要的措施或设施,一旦发生较大火灾时,能迅速将人员或重要物资撤到安全区,以减少损失。如建筑物的安全门或疏散通道等。

[知识学习]

引发火灾的三个条件是:可燃物、氧化剂及点火能源同时存在,相互作用。引发爆炸的条件是:爆炸品(内含还原剂与

氧化剂）或可燃物与空气的混合物及起爆能源同时存在，相互作用。如果我们采取措施避免或消除上述条件之一，就可以防止火灾或爆炸事故的发生。这就是防火防爆的基本原理。

40. 防火防爆的基本措施有哪些？

根据火灾发展过程及其特点，应采取如下基本技术措施：

快通风除尘！

（1）用难燃和不燃的物质代替可燃物质。

（2）密闭和负压操作。

（3）通风除尘。

（4）惰性气体保护。

（5）采用耐火建筑材料。

（6）严格控制火源。

（7）阻止火焰的蔓延。

（8）抑止火灾可能发展的规模。

[相关链接]

要做到防火防爆，应该做到：

（1）树立消防意识。

（2）熟悉身边（周围环境）的物质火险特点。

（3）减少和消除可燃物质。

（4）控制或消除引火源。

（5）采用限制火灾爆炸扩展的措施。

（6）建立防火制度和安全操作规程。

　[血的教训]

广东某县一商行发生火灾，二楼住宿的4名人员因门窗全部装有防盗窗，首层及顶层出口铁门也被上锁，无法逃生，被活活烧死。又如，某市的一个洗浴中心发生火灾，因不懂逃生知识，7人被熏死在桑拿浴室中。

很多火灾案例表明，有些火灾的发生和严重后果就是由于缺乏消防意识造成的。比如：用电不遵守防火要求；随意私自拆、装、移动燃气灶具；向下水道倾倒液化石油气残液；吸烟者漫不经心乱丢烟头或卧床、沙发吸烟；室内装修使用大量可燃材料；向垃圾道倾倒未熄灭的可燃物；在楼道内、阳台、房前、房后等处堆放易燃、可燃杂物；起火时，不会使用消防器材，不会报火警，不会自救逃生等。

41. 如何控制和消除明火点火源？

明火有生产用火和非生产用火两类。生产中常见的明火有加热用火如蒸汽锅炉、加热炉的火焰，维修用火如焊接、切割、喷灯等，熬炼用火如熬沥青火源等。非生产用火有炊事用火、烟囱飞火、取暖用火、打火机用火，抽烟等。明火引火源的控制应采取下列措施：

（1）管理和控制厂区内存在及可能存在的明火源，建立、健全各种明火的使用、管理和责任制度，并认真实施检查和监督，杜绝非必要的明火源在厂区出现。

（2）甲、乙、丙类生产车间、仓库及厂区和库区内严禁动用明火，若生产需要必须动火时应经企业的安全保卫部门或防火责任人批准，并办理动火许可证，落实各项防范措施。

炊事用火

烟囱飞火

日常用火

（3）对于烘烤、熬炼、锅炉、焙烧炉、加热炉、电炉等固定用火地点，必须远离甲、乙、丙类生产车间和仓库，满足防火间距要求，并办理用火许可证。

（4）焊割地点与易燃、易爆的危险场所应保持一定距离；动火场所周围要清除可燃物，如不便清除时，可用石棉或其他耐火材料遮盖和隔离；电焊导线绝缘应保持良好，接地线不能连在易燃生产设备上；所要焊接的金属另一端不准放可燃物；焊接完毕应仔细检查现场，确认无着火危险时方可离开。

（5）为防止烟囱飞火，燃料在炉膛内要燃烧充分，烟囱要有足够高度，必要时应安装火星熄灭器。在烟囱周围一定距离内不得堆放易燃、易爆物品，不准搭建易燃建筑物。

（6）为防止机动车排气管喷火引起火灾，机动车辆不准随便进入有爆炸危险的场所，如果必须驶入，要在其排气管安装火星熄灭器，并与危险物料保持一定距离。

[知识学习]

对于传热介质是固体的场合，火焰可通过固体的导热来点燃周围的可燃物。

[血的教训]

2003年2月2日，大年初二，冰城哈尔滨沉浸在节日的喜庆气氛中。17时59分，道外区靖宇街236号天潭酒店发生特大火灾，造成33人死亡。事故直接原因认定为酒店员工违规操作，明火向煤油炉内注油引发燃爆。

42. 如何控制和消除电气引火源？

（1）对正常运行时产生火花、电弧和危险高温的电气装置，不应设置在有爆炸和火灾危险的场所。

（2）在爆炸和火灾危险场所内，应尽量不用或少用携带式电气设备。

（3）爆炸和火灾危险场所内的电气设备，应根据危险场所的等级合理选用电气设备的类型，以适应使用场所的条件和要求。

（4）在爆炸和火灾危险场所内，线路导线和电缆的额定电压均不得低于配电网络的额定电压。低压供电回路要尽量采用铜芯绝缘线。

尽量不用或少用携带式电气设备！

（5）在爆炸危险场所内，所有工作零线的绝缘等级应与相线相同，并应在同一护套或管子内。绝缘导线应敷设在钢管内，严禁明敷。

（6）在火灾危险场所内，宜采用无延燃性外被层的电缆和无延燃性护套的绝缘导线，用钢管或硬塑料明、暗敷设。

（7）电力设备和线路在布置上应使其免受机械损伤，并应防尘、防腐、防潮、防日晒、防雨雪。

因为可能会突然停电，我们准备了两路及以上的电源供电，且两路电源之间能自动切换。

（8）正确选用保护和信号装置并合理整定，保证电气设备和线路在严重过负荷或故障情况下，都能准确、及时、可靠地切除故障设备和线路，或是发出报警信号，禁止电气设备带"病"运行。

（9）在爆炸和火灾危险场所内，各电气设备的金属外壳应可靠接地或接零，以便碰壳接地短路时能迅速切断电源，防止短路电流产生高温高热引发爆炸与火灾。

（10）凡突然停电有可能引起电气火灾和爆炸的场所，要有两路及以上的电源供电，且两路电源之间应该能自动切换。

[知识学习]

防爆型电气设备有隔爆型（标志d）、增安型（标志e）、充油型（标志o）、充砂型（标志q）、本质安全型（标志i）、正压型（标志p）、无火花型（标志n）和特殊型（标志s）设备。例如dⅡBT4是隔爆型、ⅡB级、T4组的隔爆型电气设备。

 [血的教训]

2003年12月30日11时16分，宜宾市屏山县城西正街38号居民串架房由于电器使用不当，引起电路超载，造成重大火灾事故发生，失火面积1 395平方米，受灾37户87人，火灾事故造成6人死亡，20多人不同程度受伤。

43. 易燃、易爆危险物品生产和使用中应有哪些基本防火要求？

易燃、易爆危险物品生产和使用中应遵循以下基本防火要求：

（1）易燃、易爆危险物品生产企业，应当设在本地区全年最小频率风向的上风侧，并选择在通风良好的地点，不得在居民区、供水水源和水源保护区，公路、铁路、水路等交通干线，自然保护区、畜牧区、风景名胜旅游区和军事设施周围1 000米范围内规划和兴建。

（2）外商投资建设的生产易燃、易爆危险物品的企业，也必须符合我国的有关规范、标准，国外设计的工程也必须将其工程设计依据一并交我国的有关部门审核。

（3）研制新的易燃、易爆危险物品时，应同时研究其易燃性、爆炸性、氧化性和毒害性等机理，并进行对其闪点、自燃点、爆炸极限、爆炸威力、灭火方法和适用的灭火剂等检测和实验，通过实验对其火灾危险性、中毒危害性等做出科学评价。

（4）凡出厂的易燃、易爆产品，都必须有产品的安全说明书。

（5）易燃、易爆危险物品的产品包装，必须符合《危险货物运输包装通用技术条件》（GB 12463—2009）的要求，产品包装不合格者不准出厂。

（6）生产和使用易燃、易爆危险物品的场所，应当根据危险物品的种类、性能设置相应的通风、防火、防爆、防毒、监测、报警、降温、防潮、避雷、防静电、隔离操作等消防安全设施。

（7）易燃、易爆化学危险品如因质量不合格，或因失效、变态、废弃时，要及时进行销毁处理，销毁处理应有可靠的安全措施，并须经当地公安消防机关和环保部门同意，禁止随便弃置堆放和排入地面、地下及任何水系。

（8）生产和使用易燃、易爆危险物品的企业和个人，必须遵守消防安全制度和安全操作规程，严格用火管理制度。

[相关链接]

对盛装易燃、易爆有毒物品的大型容器，应保持其所盛物品的专一性，不宜随便改装它物。如因特殊情况需改装它物时，应进行清洗、置换，并经化验合格，办理审核批准的手续后才可改装。对需要长期停用的盛装易燃、易爆危险化学品的容器在停用前和重新使用前，都要进行清洗、置换、化验分析等安全处理。反应釜、反应塔、反应罐等压力容器还应符合国家有关压力容器的规定，并经常进行维护和监测。

44. 储存危险化学品场所有何消防安全要求?

危险化学品仓库具有严格的标准，国家对危险化学品储存场所的要求严格，一般要达到以下条件：

（1）储存危险化学品的建筑物不得有地下室或其他地下建筑，建筑物耐火等级、层数、占地面积、安全疏散和防火间距应符合国家有关规定。

（2）储存场所或建筑物内输配电线路、灯具、火灾事故照明和疏散指示标志，都应符合安全要求。

（3）储存场所必须提供足够的自然通风或机械通风，防止可燃空气或有害空气的生成和积聚。

（4）根据储存仓库条件安装自动监测和火灾报警系统。

（5）储存危险化学品时，应考虑其禁忌关系，对互为禁忌物的化学品通常采用隔离层或隔开一段距离，或在不同的房间内存放。

（6）每栋危险化学品仓库的储存量不得超过国家标准，堆垛不得过高、过密，堆垛之间以及堆垛与墙壁之间应该留出一定距离、通道及通风口。

堆垛太高了……

（7）储存场所应保存化学品纸质清单，且必须提供场所内化学品最新资料。

（8）禁止在危险化学品储存区域内堆积可燃废弃物品，泄漏和渗漏化学品的包装容器应迅速移至安全区域，按化学品特性，用化学的或物理的方法处理废弃物品，不得任意抛弃、污染环境。

（9）储存仓库工作人员应进行培训，经考核合格后持证上岗。

（10）根据危险化学品仓库所涉及危险化学品储存的具体情况，制定切合实际的事故应急预案。

[相关链接]

储存仓库应对各工作区域的化学品进行普查，并进行审核。审核内容包括：储存或使用的化学品的名称；化学品类别及危险性分类；化学品数量；化学品的危害程度；与化学品使用或储存有关的危害；需要的个体防护设备；职工培训信息；接触、泄漏或火灾时采取的应急程序和设备等。

45. 如何安全运输危险化学品？

（1）国家对危险化学品的运输实行资质认定制度，未经资质认定，不得运输危险化学品。

（2）用于危险化学品运输工具的槽罐以及其他容器，必须由专业生产企业定点生产，并经检测、检验合格，方可使用。

（3）运输危险化学品的槽罐以及其他容器必须封口严密，能够承受正常运输条件下产生的内部压力和外部压力，保证危险化学品在运输中不发生渗漏。

（4）危险化学品的运输人员必须掌握危险化学品运输的安全知识，取得上岗资格证，方可上岗作业。

（5）通过公路运输危险化学品的，托运人应当向目的地的县级人民政府公安部门申办危险化学品公路运输通行证，并且，托运人只能委托有危险化学品运输资质的运输企业承运。

我取得上岗资格证，可以上岗作业了。

（6）通过公路运输危险化学品，必须配备押运人员，并随时处于押运人员的监管之下，不得超装、超载，不得进入危险化学品运输车辆禁止通行的区域，确实需要进入禁止通行区域的，要事先向当地公安部门报告，由公安部门制定行车时间和路线。

（7）运输危险化学品的船舶及其配载的容器必须按照国家关于船舶检验的规范进行生产，并经国家管理机构认可的船舶检验机构检验合格，方可投入使用。

（8）托运人托运危险化学品，应当向承运人说明运输的危险化学品的品名、数量、危害、应急措施等情况。

 [知识学习]

运输危险化学品途中需要停车住宿或者遇有无法正常运输的情况时，应当向当地公安部门报告。

46. 锅炉需采用哪些防火防爆安全措施？

锅炉是一种具有高温高压的特种热力设备，存在着一定的爆炸危险。因此，锅炉工在作业时要注意防火防爆：

（1）锅炉房应为单层一、二级耐火等级的建筑。

（2）敷设在油管法兰和阀门附近的蒸汽管道，应有完整的保温层，保温层应用非燃烧材料，并在保温层外面包裹铁皮。

（3）在蒸汽管道或炽热体附近的油管法兰，应在外面加装金属罩壳，以防燃油溅到蒸汽管道和炽热体上起火。

（4）要控制油、气管道保温层外部的温度。当室内温度在25℃时，蒸汽管道保温层表面的温度不应超过50℃，燃油管道保温层表面的温度不应超过35℃。

（5）锅炉房应备有带盖的铁箱（桶），专门放置擦拭设备的油纱头和抹布。

（6）锅炉工在烧锅炉前，应对锅炉的燃油、燃气、燃煤系统及各种安全附件进行检查，防止漏油、漏气等，平时则应做好常规维护和保养。

（7）锅炉房内严禁堆放易燃、可燃物品，为防止燃油系统（包括阀门、法兰）发生故障，人孔应尽量加装防火板。

（8）锅炉房内除应设置消火栓和水带外，还应视具体情况设置泡沫或蒸汽灭火设备、设施。

[相关链接]

凡是容纳（含有）压力介质的密闭容器都可称为压力容器。但实际上，压力容器仅指其中一部分比较容易发生事故，且事故危害性较大的特定设备。作为一种特殊设备，需要由专门机构进行监督，并按规定的技术管理规范进行制造和使用。我国《压力容器安全技术监察规程》规定，同时具备下列三个条件的容器属该规程的监察范围：

（1）最高工作压力≥0.1兆帕（不包括液体静压力）。

（2）内直径（非圆形截面指其最大尺寸）≥0.15米，且容积≥0.25立方米。

（3）盛装介质为气体、液化气体或最高工作温度高于或等于标准沸点的液体。

47. 什么是三级动火审批制度？

为保证企业的防火安全，企业应设固定的动火车间（或场地），同时加强对临时动火的部位和场所管理，坚持动火审批制度。

（1）一级动火审批

一级动火的情况有：禁火区域内；油罐、油槽车以及储存过可燃气体、易燃可燃液体的各种容器和设备；各种有压设备；危险性较大的高空焊、割作业；比较密闭的房间、容器和场所；作业现场堆存大量可燃和易燃物质。一级动火审批制度的基本内容有：由要求进行焊、割作业的车间或企业的行政负责人填写动火申请单，交调度部门，由其召集焊工、安全、保卫、消防等有关人员到现场，根据现场实际情况，议出安全实施方案，明确岗位责任，定出作业时间，由参加部门的有关人员在动火申请单上签字，然后交企业主管领导审批。对危险性特别大的动火项目，由企业向上级有关主管部门提出报告，经审批同意后，才能进行动火。

（2）二级动火审批

二级动火情况有：在具有一定火险因素的非禁火区域内进行临时性焊、割作业；小型的油箱、油桶等容器；登高焊、割作业。二级动火审批制度的基本内容有：由申请焊、割作业者填写动火申请单，由车间或工段的负责人召集焊工、车间安全员进行现场检查，在落实安全措施的前提下，由车间负责人、焊工和车间安全员在申请单上签字后，交给企业或保卫部门审批。

（3）三级动火审批

三级动火情况有：凡属非固定的、没有明显火险因素的场所，必须临时进行焊、割作业时都属三级动火范围。三级动火审批制度的基本内容：由申请动火者填写动火申请单，由焊工、车间或工段安全员签署意见后，报车间或工段长审批。

[知识学习]

所谓动火，是指在生产中动用明火或可能产生火种的作业。如熬沥青、烘砂、烤板等明火作业和凿水泥基础、打墙眼、电气设备的耐压试验、电烙铁锡焊、凿键槽、开坡口等易产生火花或高温的作业等都属于动火的范围。动火作业所用的工具一般是指电焊、气焊（割）、喷灯、砂轮、电钻等。

48．焊接、切割作业应做好哪些消防安全措施？

焊接、切割作业工程不论大小，作业前都必须做好准备工作：

（1）做好焊、割作业现场的安全检查，清除各种可燃物，预防焊、割火星飞溅而引起火灾事故。可燃物与焊、割作业的安全间距一般应不小于10米，但具体情况要具体对待，如风力的大小，风向的不同，作业的部位，焊接还是切割等。大风天气作业时应设置风挡，防止火花飞溅。高空作业时，要把下方可燃物清理干净，必要时在作业部位下方可设置接火盘。

（2）在有易燃、易爆和有毒气体房间内作业时应先进行通风，将可能发生危险的物质排除。

（3）查清焊、割件内部的结构情况，对生产储存过易燃、易爆化学物品的设备、容器和各种沾有油脂的待焊、割件，必须进行彻底清洗，作业前，应采用"一问、二看、三嗅、四测爆"的检查方法，决不能盲目操作。查清焊、割件连接部位的情况，预防热传导、热扩散而引起火灾事故。

（4）检查焊、割设备是否完整好用。在临时确定的焊、割场所，要选择好适当位置安放乙炔发生器、氧气瓶或电弧焊设备，这些设备与焊、割作业现场应保持一定的安全距离，在乙炔发生器和电

焊机旁应设立"火不可近"和"防止触电"等明显标志，并拦好安全绳，防止无关人员接近这些设备。电弧焊接的导线应铺设在没有可燃物质的通道上。

（5）从事焊、割作业的工人，必须穿好工作服。在冬季，御寒的棉衣必须缝好，棉絮不能外露，以防遇到火星阴燃起火。

（6）对焊、割工程较大、环境比较复杂的临时焊、割场所，要与有关部门一起制定安全操作实施方案，做到定人、定点、定措施、落实安全岗位责任制。对联合进行施工的大型项目，要有统一指挥，工段之间、工种之间，以及施工的步骤都要加强联系，统一步调，如发现问题，应立即停止焊、割。

（7）清查消防设施。根据作业现场和焊、割的性质特点，配备相应一定数量的灭火器材，对大型工程项目和禁火区内设备进行检修以及作业现场较为复杂时，可将消防车调到现场，随时准备灭火。

　[血的教训]

2010年11月15日14时，上海静安区胶州路一栋高层公寓起火。起火点位于10~12层之间，整栋楼都被大火吞噬包围。大火导致58人遇难，另有70余人入院治疗，火灾事故造成的财产损失巨大，在社会上造成极其恶劣的影响。事故原因已查明，是由无证电焊工违章操作引起的，4名犯罪嫌疑人已经被公安机关依法刑事拘留。还因装修工程违法违规、层层多次分包；施工作业现场管理混乱，存在明显抢工行为；事故现场违规使用大量尼龙网、聚氨酯泡沫等易燃材料等问题。

49. 建筑物内部火灾的蔓延途径有哪些?

（1）水平方向蔓延

有内墙上的门窗、孔洞。当这些部位没有采取火灾防护措施时，火会通过内墙上的门窗、孔洞流窜到相邻房间，或通过内墙上的门窗、孔洞经走廊，进入附近敞开门、窗的房间，以致形成大面积火灾蔓延。

另外，烟火可通过建筑物的闷顶与屋盖之间或吊顶与楼板之间的空间向其他部位蔓延。

对于一些空心结构建筑构件，如板条抹灰空间、木楼板阁栅空间、屋盖空气保暖层等，当这种结构的建筑物起火，烟火就会很快顺这些空间蔓延。

（2）竖直方向蔓延

有建筑中各种管井，包括楼梯间、电梯井、通风管道、排气管、电缆管（井）、垃圾道等。起火时，火会沿着这些管道（井）蔓延。据测定，竖直方向火灾蔓延速度最快，如烟囱一样，起拔火抽烟作用，故称"烟囱效应"。

另外，烟火还可通过建筑物楼板上的孔洞、缝隙向上升腾蔓延。

（3）燃烧热透过墙体蔓延

火焰及烟火通过墙体传热，尤其是那些厚度不够的墙体或楼板，燃烧热会透过墙体或楼板使相邻可燃物受热自燃起火。

[相关链接]

建筑物外部火灾蔓延途径是：

（1）烟火由墙外侧门、窗口向上蔓延，尤其是窗间墙短的建筑物则向上蔓延的危险性更大。

（2）烟火向相邻建筑物蔓延，当防火间距不足时，烟火会通过辐射热方式向相邻建筑蔓延。

（3）飞火蔓延。在热对流的作用下，有些尚未燃尽的燃烧物会借着热对流产生的动力被抛向空中，形成飞火。飞火可飞数十米、数百米，甚至更远。当飞火落到可燃建筑的屋顶上或邻近建筑物的可燃物上时，就会形成新的起火点，造成更大面积的火灾蔓延。

50. 对于防火墙的设置有何要求？

（1）应直接砌在基础上或框架结构的框架上。当防火墙一侧的屋架、梁和楼板被烧毁或受到严重破坏时，防火墙本身仍应不致受到影响而倒塌。

（2）在防火墙上不应开设门窗孔洞，如必须开设时，应用防火门、窗保护。防火墙上的孔洞缝隙应用不燃材料进行封堵填塞。

（3）防火墙用于截断燃烧体和难燃烧体

不应在防火墙上开设门窗或孔洞。

的建筑时，如屋面的面层为不燃烧体时，防火墙应高出屋面不小于400毫米；如为燃烧体时，则应高出屋面不小于500毫米。

（4）建筑物内的防火墙不应设在转角处。如设在转角附近，内转角两侧上的门、窗洞口之间最近的水平距离不应小于4米。紧靠防火墙两侧的门窗洞口之间的水平距离不应小于2米。

（5）防火墙内不应设置排气道，如必须设置时，其两侧的墙身截面厚度均不应小于12厘米。

[知识学习]

防火墙是指直接砌在基础上，其厚度不小于240毫米厚、耐火极限不小于4小时的不燃实体墙。

防火墙一般可分为：横向防火墙、纵向防火墙、内防火墙、外防火墙和独立防火墙等。

[想一想]

你工作的企业建筑里，设置有防火墙吗？它们分别属于哪一种防火墙？

51. 建筑物的防烟设计有什么重要作用？

建筑物发生火灾时将产生高温、有毒、可燃气体，其密度小，与周围冷空气对流后向上流窜，可到达离起火点很远的地方，在一定浓度范围内如遇明火，瞬间爆燃，使火灾蔓延。浓烟使得火灾现场人员疏散困难，中毒、窒息是火灾伤人的主要原因，所以，为了保障建筑物内人员不致受到烟的威胁和防止烟的扩散，不使火灾扩大蔓延，建筑物的防烟设计非常重要。

[知识学习]

防烟设计，就是在平面布置中研究可能起火房间的烟气流向，在各种假定条件下，提出最经济有效的防烟设计方案，控制烟的流动路线，选用适当的排烟设备，安排进排风口、管道的面积和位置，以保证安全疏散。

52．消防车道的设置有哪些要求?

消防车道是供消防车灭火时通行的道路。设置消防车道的目的就在于一旦发生火灾后，可使消防车顺利到达火场，消防人员迅速开展灭火战斗，及时扑灭火灾，最大限度地减少人员伤亡和火灾损失。

幸亏你们设置了消防车道并保持畅通，才使消防车顺利到达火场。

（1）当建筑物的沿街部分长度超过150米或总长度超过220米时，均应设置穿过建筑物的消防车道。沿街建筑应设连通街道和内院的人行通道（可选用楼梯间），其间距不宜超过80米。

（2）超过3 000个座位的体育馆、超过2 000个座位的会堂和占地面积超过3 000平方米的展览馆等公共建筑，宜设环形消防车道。建筑物的封闭内院，如其短边长度超过24米时，应设有进入内院的消防车道。

生命只有一次　健康是人生之本

[相关链接]

根据《机关、团体、企业、事业单位消防安全管理规定》（公安部令第61号）的规定，单位应当保障疏散通道、安全出口畅通，并设置符合国家规定的消防安全疏散指示标志和应急照明设施，保持防火门、防火卷帘、消防安全疏散指示标志、应急照明、机械排烟送风、火灾事故广播等设施处于正常状态。

严禁下列行为：

（1）占用疏散通道。

（2）在安全出口或者疏散通道上安装栅栏等影响疏散的障碍物。

（3）在营业、生产、教学、工作等期间将安全出口上锁、遮挡或者将消防安全疏散指示标志遮挡、覆盖。

（4）其他影响安全疏散的行为。

[想一想]

生活中，经常能遇到车辆占用消防车道的情况，请你观察生活或工作的区域，想一想如果遇到这样的情况该如何处理？

53. 工业建筑安全出口应符合哪些规定?

工业建筑安全出口数目应符合下列规定：

（1）厂房安全出口的数目，不应少于两个。

（2）厂房的地下室、半地下室的安全出口的数目，不应少于两个。但使用面积不超过50平方米且人数不超过15人时可设一个。

（3）地下室、半地下室如用防火墙隔成几个防火分区时，每个防火分区可利用防火墙上通向相邻分区的防火门作为第二个安全出口，但每个防火分区必须有一个直通室外的安全出口。

（4）库房或每个隔间（冷库除外）的安全出口数目应不少于两个，但一座库房占地面积不超过300平方米时可设一个疏散楼梯，面积不超过100平方米的防火隔间，可设一个门。

（5）库房的地下室、半地下室（冷库除外）的安全数目应不少于两个，但面积不超过100平方米时可设一个。

[相关链接]

厂房安全出口的数目，不应少于两个。但符合下列要求的可设一个：

（1）甲类厂房，每层建筑面积不超过100平方米且同一时间的生产人数不超过5人。

（2）乙类厂房，每层建筑面积不超过150平方米且同一时间的生产人数不超过10人。

（3）丙类厂房，每层建筑面积不超过250平方米且同一时间的生产人数不超过20人。

（4）丁、戊类厂房，每层建筑面积不超过400平方米且同一时间的生产人数不超过30人。

54. 仓库如何进行火源管理？

（1）库区应当设置醒目的禁火标志。进入甲、乙类物品库区的人员，必须登记，并交出携带的火柴、打火机等。

你没有办理动火证，不得进行作业！

（2）库房内严禁使用明火，动用明火作业时，必须办理动火证，经防火负责人批准，并采取严格的安全措施。

（3）动火证应当注明动火地点、时间、动火人、现场监护人、批准人和防火措施等内容。

在库区内使用火炉取暖，应当经防火负责人批准。

（4）防火负责人在审批火炉的使用地点时，必须根据储存物品的分类，按照有关防火安全规定审批，并制定防火安全管理制度，落实到人。库区以及周围50米内，严禁燃放烟花爆竹。

[相关链接]

仓库的电气装置必须符合国家现行的有关电气设计和施工安装验收标准规范的规定。

55. 仓库的消防设施和器材应有哪些要求?

（1）仓库应当按照国家有关消防技术规范，设置、配备消防设施和器材。

（2）消防器材应当设置在明显和便于取用的地点，周围不准堆放物品和杂物。

（3）仓库的消防设施、器材，应当由专人管理，负责检查、维修、保养、更换和添置，保证完好有效，严禁圈占、埋压和挪用。

（4）地处寒冷地区的仓库寒冷季节要对消防设施、器材采取防冻措施。

（5）甲、乙、丙类物品国家储备库、专业性仓库以及其他大型物资仓库，应当按照国家有关技术规范的规定，安装相应的报警装置，附近有公安消防队的宜设置与其直通的报警电话。

 [知识学习]

库区的消防车道和仓库的安全出口、疏散楼梯等处严禁堆放物品。

56. 建筑施工现场应采取哪些主要的防火安全措施?

（1）建立落实防火安全责任制

建筑工地施工人员多，往往几个单位在一个工地施工，管理难度大，因而，必须认真贯彻"谁主管，谁负责"的原则，明确安全责任，逐级签订安全责任书，确保安全。

（2）现场要有明显的防火宣传标志

必须配备消防用水和消防器材，要害部位应配备不少于4个灭火器，并经常检查、维护、保养，保证灭火器材灵敏有效。施工现场的义务消防队员，要定期组织教育培训。

（3）加强施工现场道路管理

合理规划施工现场，留出足够的防火间距。要求施工现场必须设置临时消防车道，其宽度不得小于3.5米，保证消防通道24小时畅通，禁止在临时消防车道上堆物、堆料或挤占临时消防车道。

（4）加强对明火的管理，保证明火与可燃、易燃物堆场和仓库的防火间距，防止飞火，对残余火种应及时熄灭。

（5）加强电焊、气焊操作管理

切实加强临时用电和生活用电安全管理。

[相关链接]

在建筑施工现场消防管理中，还要注意：

（1）对重点工种人员进行培训。要对一些从事火灾危险性较大的工种，如电工、油漆工、焊工、锅炉工等进行必要的消防知识培训，保证施工安全。

（2）所有施工现场应禁止吸烟。可在工地附近设置临时吸烟场所，并采取必要的安全措施。

（3）易燃、可燃液体仓库应设在地势较低的地点，电石库应设在地势较高的地点；水渍损失大的物资（如水泥）不应与可燃物同库存放。

（4）不得在建设工程内设置宿舍。临时工棚应单独设置，并配备消防工具和器材，有条件的应设消防蓄水池。

57. 建筑装修中应采用那些防火安全措施？

（1）建筑内部装修设计应妥善处理装修效果和使用安全的矛盾，积极采用不燃性材料和难燃性材料，尽量避免采用在燃烧时产生大量浓烟或有毒气体的材料，做到安全适用，技术先进，经济合理。

（2）装修材料应该严格选用符合防火等级标准的合格材料。

（3）当采用不同装修材料进行分层装修时，各层装修材料的燃烧性能等级均应符合消防规范要求。

（4）当建筑内部顶棚或墙面表面局部采用多孔或泡沫状塑料时，其厚度不应大于15毫米，且面积不得超过该房间顶棚或墙面积的10%。

（5）应该根据被装修建筑的使用性质，严格按照标准区别选用所用装修材料。

[血的教训]

唐山林西百货大楼虽然层数只有三层，1993年2月发生火灾，却造成80人死亡，多人受伤，以及重大财产损失，一个十分重要的原因就是大楼内装修采用了大量可燃材料。

某市一大酒店因推拿房内遗留烟头引起火灾，由于改建成康乐城时违章使用大量可燃材料，包括吊顶、木隔断、墙软包、纤维地毯和木地板等，火灾时产生大量有害烟气，造成14人死亡。

58.　公共娱乐场所的火灾危险性有哪些?

（1）室内装饰、装修使用大量可燃材料

公共娱乐场所内可燃物多，火灾荷载大。如一些影剧院、礼堂的屋顶建筑构件是木质构件或钢结构；舞台上幕布和木地板是可燃的，加上道具、布景，可燃物最集中；观众厅的天花和墙面为了满足声学设计音响效果，大多采用可燃材料。歌舞厅、卡拉OK厅、夜总会等娱乐场所，在装潢方面更是讲究豪华气派，大量采用木材、塑料、纤维织品等可燃材料，火灾荷载大幅度增加，增大了发生火灾的概率和危害。

（2）用电设备多，着火源多，不易控制

公共娱乐场所一般采用多种照明和各类音响设备，且数量多、功率大，如果使用不当，很容易造成局部过载、短路等而引起火灾。有的灯具表面温度很高，如碘钨灯的石英灯管表面温度可达500~700℃，若与幕布、布景等可燃物质接近极易引起火灾。公共娱乐场所由于用电设备多，连接的电气线路也多，大多数影剧院、礼堂等观众厅的闷顶内和舞台电气线路纵横交错，倘若安装、使用不当，很容易引发火灾。公共娱乐场所在营业时往往还需要使用各类明火或热源，如果管理不当也会造成火灾。

（3）人员集中，疏散困难，易造成人员重大伤亡

人员聚集的公共娱乐场所，一旦发生火灾，人员疏散是非常困难的。即使是小的火灾事故，也会导致人们惊慌失措，争先逃生，互相拥挤，不能及时疏散而造成重大伤亡事故。

（4）发生火灾蔓延快，扑救困难

公共娱乐场所的歌舞厅、影剧院、礼堂等发生火灾，由于建筑跨度大，空间高，空气流通，火势发展迅猛，极易造成房屋倒塌，往往给扑救带来很大困难。

 [血的教训]

2002年6月16日凌晨2时40分左右，北京海淀区学院路20号院内的一家名为蓝极速的网吧发生火灾。经公安消防部门现场勘查，火灾造成24人死亡，13人受伤。

事发网吧经营者为了防止电脑丢失，所有窗户都装有铁栅栏，并在晚上11点离开后，将网吧包夜上网的人员用铁门从外面锁上。火灾发生时曾有国家级救护专家紧急赶往现场，因为门反锁、窗户加钢条，现场救护人员锯断钢条从后窗救出17个人。

59. 公共娱乐场所消防安全管理措施有哪些?

（1）公共娱乐场所的房产所有者在与其他单位、个人发生租赁、承包等关系后，其消防安全由经营者负责。

（2）公共娱乐场所在营业时，必须确保安全出口和疏散通道畅通无阻，严禁将安全出口上锁、阻塞。

（3）公共娱乐场所在营业时不得超过额定的人数。

安全出口

（4）公共娱乐场所必须加强电气防火安全管理，及时消除火灾隐患，不得超负荷用电，不得擅自拉接临时电线。

（5）严禁在公共娱乐场所营业时进行设备检修、电气焊、油漆粉刷等施工或维修作业。

（6）公共娱乐场所内严禁带入和存放易燃、易爆物品。

（7）公共娱乐场所应当按照《建筑灭火器配置设计规范》的规定配备灭火器材，设置报警电话，定期维护保养，保证消防设施、设备完好有效。

（8）公共娱乐场所应当制定用火用电管理制度，制定紧急安全疏散方案。在营业期间和营业结束后，应当指定专人进行安全巡视检查。特别要注意有无遗留烟头等火种，确认安全后，切断电源。

（9）公共娱乐场所应当建立全员防火安全责任制度，全体员工都应当熟知必要的消防安全知识，会报火警，会使用灭火器材，会组织人员疏散。新职工上岗前必须进行消防安全培训。

（10）卡拉OK厅及其包房内，应当设置声音或图像警报，保证在火灾发生初期，能将各卡拉OK房间的画面、音响消除，播送火灾警报，引导人员安全疏散。

[法律提示]

《机关、团体、企业、事业单位消防安全管理规定》（公安部令第61号）明确规定：公众聚集场所或者两个以上单位共同使用的建筑物局部施工需要使用明火时，施工单位和使用单位应当共同采取措施，将施工区和使用区进行防火分隔，清除动火区域的易燃、可燃物，配置消防器材，专人监护，保证施工及使用范围的消防安全。

公众聚集场所应当在具备下列消防安全条件后，向当地公安消防机构申报进行消防安全检查，经检查合格后方可开业使用：

（1）依法办理建筑工程消防设计审核手续，并经消防验收合格。

（2）建立、健全消防安全组织，消防安全责任明确。

（3）建立消防安全管理制度和保障消防安全的操作规程。

（4）员工经过消防安全培训。

（5）建筑消防设施齐全、完好有效。

（6）制定灭火和应急疏散预案。

举办集会、焰火晚会、灯会等具有火灾危险的大型活动，主办或者承办单位应当在具备消防安全条件后，向公安消防机构申报对活动现场进行消防安全检查，经检查合格后方可举办。

[相关链接]

公共娱乐场所应当在法定代表人或主要负责人中确定一名本单位的消防安全责任人，对本单位的消防安全工作负责，并向当地公安消防机构备案。

60. 为什么不能用铁丝替代熔丝?

通常在电力线路里，都要装熔断器（熔丝）保护电线和电气设备。当通过电线和设备的电流超过允许的安全数值时，熔丝就会发热熔断从而切断电流，保证线路安全。

不能用铁丝替代熔丝。

常用的熔丝是用铅合金拉成的细丝，粗细不同，允许长时间通过的"额定电流"和短时间通过的"熔断电流"也不同，如果电流较大，需要使用的铅合金熔丝截面太粗，装接不方便，可以改用铜熔丝。

用铁丝来替代铅合金熔丝或铜熔丝，往往会出现严重的后果。因为熔断电流较大，当电流超过允许值时，铁丝不能很快熔断，达不到切断电源、保护电气设备的目的，结果将导致电线和电气设备因过度发热而烧坏，甚至引燃邻近的可燃物质而造成火灾。

[知识学习]

家庭用电线用到一定的年限（10~20年）要注意检查，发现问题，应该及时更换。

61. 预防电路短路起火的措施通常有哪些?

（1）首先要克服忽视安全的麻痹思想。安装电线时一般要由电工负责，不能随意乱拉电线，在线路运行的过程中，发现绝缘破损的地方要及时加以修理或更换。

（2）要根据导线使用中的不同环境情况选用不同类型的导线，即导线应该符合如潮湿、化学腐蚀、高温等各种使用条件的要求。

（3）安装线路时，导线与导线之间，导线与墙壁、顶棚、金属建筑构件及固定导线用的绝缘物之间，应该符合要求的间距。在距离地面2米高以内的一段电线以及穿过楼板和墙壁的导线，应用钢管、硬质塑料管或瓷管保护，以防止绝缘遭受损坏。

（4）线路上应该按规定安装断路器或熔断器，以便在线路发生短路时能及时可靠地切断电源。

（5）电线的接头处不能"一刀切"，而应该相互错开一定位置。经常移动的电线，应该采用绝缘橡胶护套电缆，并且当中不能有接头。

（6）在线路运行时，应定期地请电工检查绝缘强度。发现问题应该及时采取措施加以解决。

[相关链接]

无论是工厂内或家庭室内配线施工，都应该由专业电工进行，还需要按其布线要求，进行验收，否则会留下火灾隐患。

62. 怎样做好家庭防火?

（1）不断增强家庭成员的防火意识，坚持把家庭防火防爆保证安全放在首位，认真学习居民消防安全守则。

请问您有"电工操作合格证"吗?

有，您看看吧!

（2）普及消防安全知识。家庭的每一个成员都应该了解一些基本的消防安全的知识，并且掌握简单的防火灭火的措施。

（3）对于室内装修，必须符合防火安全的要求，尽量不用或者少用易燃、易爆材料，如必须使用时应该在材料的表面涂刷防火材料或者防火漆。

（4）室内配电线路的敷设一般应该由取得电工操作合格证的人员担任。

（5）必须选用合格的家用电器和燃气设备，安装和检修必须符合防火安全的要求，使用时应该按照说明书进行操作。

（6）安装防火报警装置。及时发现"火情"，提早报警，是预防火灾发生、保证家庭成员生命财产安全的重要措施。

（7）应该配置小型的灭火器。为了便于家庭迅速有效地扑灭初期火灾，又不污损物品。

（8）使用防火阻燃材料，如使用防火地毯、耐火板和阻燃制品等。

（9）要经常进行防火检查。查看用电量是否超负荷，电线是否老化，电线的布置是否符合规范以及设备的安装是否正确等。

（10）超过规定使用年限的电线和电气设备及燃气管道材料等，不得继续使用。

[相关链接]

提倡家庭配备必要的、简单的火灾逃生辅助设备或工具。

火灾扑救知识

63. 火灾一般经历哪几个发展阶段过程?

火灾发展大体上经历四个阶段，即初起阶段、发展阶段、猛烈阶段和熄灭阶段。

（1）火灾初起阶段

是物质在起火后的十几分钟里，燃烧面积不大，火焰不高，辐射热不强，周围物品和结构开始受热，温度上升不快，但呈上升趋势。火灾产生的烟气量还不大，流动速度较缓慢，尚未能大范围蔓延扩散，被困人员有一定时间逃生。如果发现及时，扑救方法得当，投入较少的人力和简单的灭火器材就能很快地把火控制住或扑灭。

（2）火灾发展阶段

是由于火灾没有得到及时控制，可燃物持续燃烧，强度增大，载热500℃以上的烟气流动加上火焰的辐射热的作用，使得周围可燃物品和建筑结构受热并开始分解，不断生成大量的热烟气，气体对流增强，燃烧面积扩大，燃烧速度加快。随着火

按照事故预案对火灾进行了及时的扑救，火势在初起阶段被扑灭了。

场温度的升高，烟气不断积聚在顶棚附件，形成稳定的热烟气层，此时，被困人员的逃生难度加大。

（3）火灾猛烈阶段

是由于燃烧面积扩大，大量的热释放出来，空间温度急剧上升，使周围可燃物品几乎全部卷入燃烧，火势达到猛烈的程度。这个阶段，燃烧强度最大，热辐射最强，温度和烟气对流达到最大限度，不燃材料和结构的机械强度受到破坏，以致发生变形或倒塌，大火突破建筑物外壳，并向周围扩大蔓延，是火灾最难扑救的阶段。此阶段不仅需要很多的力量和器材扑救火灾，而且要用相当多的力量和器材保护周围建筑物和物质，以防火势蔓延。

（4）熄灭阶段

是火场火势被控制住以后，由于灭火剂的作用或因燃烧材料已经燃烧殆尽，火势逐渐减弱直至熄灭。

[知识学习]

火灾初起阶段是扑灭火灾的最佳阶段，应尽可能地利用条件扑灭；火灾发展阶段，被困人员掌握正确的逃生自救方法仍然可以逃出火场；火灾猛烈阶段，如果被困人员在这个阶段前还未能撤离火灾现场，火灾将严重威胁其生命安全。

64. 灭火的基本原理是什么？

燃烧的发生需具备一定的条件，即同时存在可燃物质、助燃物质和点火源三个要素。这三要素缺少任何一个，燃烧便不能发生。灭火的基本原理就是在发生火灾后，通过采取一定的措施，把维持燃烧所必须具备的条件之一破坏，燃烧就不能继续进行，火就会熄灭。因此，采取降低着火系统温度、断绝可燃物、稀释空气中的氧浓度、抑制着火区内的链锁反应等措施，都可达到灭火的目的。

　　火灾防治途径一般分为设计与评估、阻燃、火灾探测、灭火等。在建筑及工程的设计阶段就可以考虑到火灾安全，进行安全设计，对已有的建筑和工程可以进行危险性评估，从而确定人员和财产的火灾安全性能；对于建筑材料和结构可以进行阻燃处理，降低火灾发生的概率和发展的速率；一旦火灾发生，要准确、及时地发现它，并克服误报警因素；发现火灾之后，要合理配置资源，迅速、安全地扑灭火灾。目前，火灾防治的趋势是"清洁阻燃、智能探测、清洁高效灭火、性能化设计与评估"。火灾防治途径环环相扣，构成了火灾防治系统。

[知识学习]

常用的灭火器材，都是根据灭火原理设计的。

65. 灭火的基本方法有哪些?

　　（1）冷却灭火法

　　根据可燃物质发生燃烧时必须达到一定温度这个条件，将灭火剂直接喷洒在燃烧着的物体上，使可燃物质的温度降到燃点以下而停止燃烧。

　　（2）窒息灭火法

　　根据可燃物质燃烧需要足够的助燃物质（空气、氧）这个条件，采取阻止空气进入燃烧区的措施，或断绝氧气而使燃烧物质熄灭。为使火灾窒息，需将水蒸气、二氧化碳等惰性气体引入着火区，以稀释着火空间的氧浓度。当着火区空间氧浓度低于12%，或水蒸气浓度高于35%，或二氧化碳浓度高于30%~35%时，绝大多数燃烧都会熄灭。但可燃物本身为化学氧化剂物质，是不能采用窒息灭火的。

（3）隔离灭火法

根据发生燃烧必须具备可燃物质这一条件，将燃烧物质与附近的可燃物隔离或疏散，中断可燃物的供应，使燃烧停止。

快用沙土做出隔离带……

（4）化学抑制灭火法

使灭火剂参与到燃烧反应中去，起到抑制反应的作用。具体而言就是使燃烧反应中产生的自由基与灭火剂相结合，形成稳定分子或低活性的自由基，从而切断了自由基的连锁反应链，使燃烧停止。

抑制法灭火属于化学灭火方法，灭火剂参加燃烧反应。一些碱金属、碱土金属以及这些金属的化合物在燃烧时可产生高温，在高温下这些物质大部分可与卤代烷进行反应，使燃烧反应更加猛烈，故不能用其扑救，对含氧化学品也不适宜。

 [知识学习]

具体灭火中采用哪种方法，应根据燃烧物质的性质、燃烧特点和火场的具体情况，以及消防技术装备的性能等实际情况来选择。一般情况下，综合运用几种灭火法效果较好。

66. 如何应对初起火灾?

（1）消防知识普及

消防知识的普及是成功扑灭初起火灾的基本条件。单位、部门以及每个家庭成员应不断提高消防知识的学习训练意识，增强自防自救能力。通过形式多样的学习训练，具备一定的灭火知识和技能，是成功扑救初起火灾的基本条件。

（2）及时准确报警

及时准确的报警是控制火势蔓延的关键。无论何时何地发生火灾都要立即报警，一方面要向周围人员发出火警信号，如单位失火要向周围人员发出呼救信号，通知单位领导和有关部门等，另一方面要向"119"消防指挥中心报警。

（3）疏散与抢救

疏散与抢救被困人员是火灾初起时的首要任务。火灾发生时，义务消防队员和其他在场人员必须坚持救人重于救火的原则，尤其是人员集中场所，更要采取稳妥可靠的措施，积极组织人员疏散，要通过喊话引导，稳定被困人员情绪，及时打开疏散通道等方法措施，积极抢救被烟火围困的人员。

（4）灭火

掌握正确的灭火方法是成功扑灭初起火灾的保证。面对初起火灾，必须掌握正确的灭火方法，科学合理使用灭火器材和灭火设施。

[知识学习]

不管火势大小，只要发现起火就应向消防指挥中心报警，即使有能力扑灭火灾，一般也应当报警。

[血的教训]

某日凌晨2点多钟，某夜总会发生特大火灾。火灾发生初期，员工们勇敢的抢救出了价值10余万元的财产。但是，他们只顾抢出东西和救火，却忘了报警。待拿起灭火器时又不知如何使用，甚至把灭火器丢入火中。直至自救无效，才想起报警，却不知火警电话是什么，有的拨911，有的拨910，直到凌晨2点50分，才拨对了119，却只喊了一句"快来救火"就挂断了电话。最终附近一家宾馆值班员于3点03分才准确地向火警台报了警，扑救了大火。

67. 如何正确拨打火警电话？

火灾发生后，由于危险突然降临，人们容易形成恐慌心理，在这种恐慌心理的作用下，会严重干扰人们的行为，形成安全疏散和逃生的重要心理制约因素。因此，火灾发生后一定要保持冷静，做到临危不惧，临危不乱，增强自制能力，按照安全逃生路线安全撤离。

发生火灾时，第一应该想到的是拨打"119"火警电话，拨通后不要慌张，应该报告给接线员如下清晰而详细的信息：

（1）火警电话打通后，应讲清着火单位，所在区县、街道、门牌或乡村的详细地址。

（2）要讲清什么东西着火，起火部位，燃烧物质和燃烧情况，火势怎样。

（3）报警人要讲清自己的姓名、工作单位和电话号码。

（4）报警后要派专人在街道路口等候消防车到来，指引消防车去往火场，以便迅速、准确地到达起火地点。

[法律提示]

《消防法》规定：任何人发生火灾时，都应当立即报警。任何单位、个人都应当无偿为报警提供便利，不得阻拦报警，严禁谎报火警。

[知识学习]

例如报警人可以这样说："兴旺区富强路101号，京都大饭店的二楼起火。目前有两人受伤，还有两人被困在三楼。附近的标志是富强路立交桥南50米。我叫王五，电话是1234567，我将在兴旺区富强路靠近立交桥的路口等待支援！"

68. 常用的灭火器有哪些类型?

按充装灭火剂的种类不同，常用灭火器有水型、空气泡沫型、干粉型、卤代烷型、二氧化碳型、7150型灭火器具。

（1）水型灭火器

这类灭火器中充装的灭火剂主要是水，另外还有少量的添加剂。清水灭火器、强化液灭火器都属于水型灭火器。主要适用扑救可燃固体类物质如木材、纸张、棉麻织物等的初起火灾。

（2）空气泡沫灭火器

这类灭火器中充装的灭火剂是空气泡沫液。根据空气泡沫灭火剂种类的不同，空气泡沫灭火器又可分蛋白泡沫灭火器、氟蛋白泡沫灭火器、水成膜泡沫灭火器和抗溶泡沫灭火器等。

主要适用扑救可燃液体
类物质如汽油、煤油、
柴油、植物油、油脂等
的初期火灾；也可用于
扑救可燃固体类物质如
木材、棉花、纸张等的
初起火灾。对极性（水
溶性）如甲醇、乙醚、
乙醇、丙酮等可燃液体
的初起火灾，只能用抗
溶性空气泡沫灭火器扑
救。

干粉灭火器适用
扑救可燃液体、气
体类物质和电气设
备的初起火灾。

　　（3）干粉灭火器

　　这类灭火器内充装的灭火剂是干粉。根据所充装的干粉灭
火剂种类的不同，有碳酸氢钠干粉灭火器、钾盐干粉灭火器、
氨基干粉灭火器和磷酸铵盐干粉灭火器。我国主要生产和发展
碳酸氢钠干粉灭火器和磷酸铵盐干粉灭火器。碳酸氢钠适用于
扑救可燃液体和气体类火灾，其灭火器又称BC干粉灭火器。磷
酸铵盐干粉适用于扑救可燃固体、液体和气体类火灾，其灭火
器又称ABC干粉灭火器。因此，干粉灭火器主要适用扑救可燃
液体、气体类物质和电气设备的初起火灾。ABC型干粉灭火器
也可以扑救可燃固体类物质的初起火灾。

　　（4）二氧化碳灭火器

　　这类灭火器中充装的灭火剂是加压液化的二氧化碳。主要
适用扑救可燃液体类物质和带电设备的初起火灾，如图书、档
案、精密仪器、电气设备等的火灾。

　　（5）7150灭火器

这类灭火器内充装的灭火剂是7150灭火剂（即三甲氧基硼氧六环）。主要适用于扑救轻金属如镁、铝、镁铝合金、海绵状钛，以及锌等的初起火灾。

 [知识学习]

发生火灾时，不论是火灾的哪个阶段，使用灭火器进行扑救时，首先要根据火灾发生的性质和火场存在的物质，正确选用灭火器材。

69. 如何选择使用灭火器?

（1）A类火灾灭火器选择

A类火灾指普通可燃物如木材、布、纸、橡胶及各种塑料燃烧而成的火灾。对A类火灾，一般可采取水冷却灭火，但对于忌水物质，如布、纸等应尽量减少水渍所造成的损失。对珍贵图书，档案资料应使用二氧化碳、干粉灭火器灭火。

（2）B类火灾灭火器选择

B类火灾指油脂及液体，如原油、汽油、煤油、酒精等燃烧引起的火灾。对B类火灾，应及时使用泡沫灭火剂进行扑救，还可使用干粉、二氧化碳灭火器。

快关阀门……

（3）C类火灾灭火器选择

C类火灾是可燃气

体如氢气、甲烷、乙炔燃烧引起的火灾。对C类火灾因气体燃烧速度快，极易造成爆炸，一旦发现可燃气着火，应立即关闭阀门，切断可燃气来源，同时使用干粉灭火剂将气体燃烧火焰扑灭。

（4）D类火灾灭火器选择

D类火灾是可燃金属如镁、铝、钛、锆、钠和钾等燃烧引起的火灾。对D类火灾，燃烧时温度很高，水及其他普通灭火剂在高温下会因发生分解而失去作用，应使用专用灭火剂。金属火灾灭火剂有两种类型：一是液体型灭火剂；二是粉末型灭火剂。例如用7150灭火剂扑救镁、铝、镁铝合金、海绵状钛等轻金属火灾，用原位膨胀石墨灭火剂扑救钠、钾等碱金属火灾。少量金属燃烧时可用干砂、干的食盐、石粉等扑救。

（5）E类火灾灭火器选择

电气火灾属于E类火灾。E类火灾灭火器的选择：E类火灾场所应选择磷酸铵盐干粉灭火器、碳酸氢钠干粉灭火器、卤代烷灭火器或二氧化碳灭火器，但不得选用装有金属喇叭喷筒的二氧化碳灭火器。

（6）F类火灾灭火器选择

F类火灾是指烹饪器具内的烹饪物（如动植物油脂）火灾。推荐选厨房专用水雾灭火器。

[想一想]

在自己的企业里，观察各个不同区域设置的灭火器材的类型，分析为什么配备这种灭火器材？

70. 干粉灭火器如何正确使用？

（1）储压式干粉灭火器

储压式干粉灭火器将干粉与动力（压缩）气体装于一体，其结构主要由筒体、筒盖、出粉管及喷射管组成。使用时，先使灭火器上下颠倒并摇晃几次，使内部干粉松动并与压缩气体充分混合。然后摆正灭火器，拔出手压柄和固定柄（提把）间的保险销，右手握住灭火器喷射管，左手用力压下并握紧两个手柄，使灭火器开启。待干粉射流喷出后，右手根据火灾情况，上下左右摆动，将干粉喷于火焰根部即可灭火。

（2）外储气瓶式干粉灭火器

该灭火器主要由二氧化碳钢瓶、筒身、出粉管及喷嘴组成。使用时用力向上提起储气钢瓶上部的开启提环，随后右手迅速握住喷管，左手提起灭火器，通过移动和喷管摆动，将干粉射流喷于火焰根部即可灭火。

（3）内储气瓶式干粉灭火器

这种干粉灭火器，与外储气瓶式相比，其压缩气体小钢瓶装在灭火器内。使用时，拔下保险销，右手迅速握住喷管，左手将手压柄压下并提起灭火器，灭火器则会立即开启。待干粉射流喷出后，右手掌握喷管，将干粉射流对准火灾根部喷射即可灭火。

[相关链接]

使用干粉灭火器时，要注意由上风向向下风向喷射，以免风力影响灭火效果，造成灭火剂的浪费。使用时还要注意，开启操作时，不要距离燃烧物太远，并在喷射时要变换位置或摆动喷射管，从不同的角度对火灾进行扑救，以提高灭火效率。

71. 常用的固定灭火设施有哪些类型?

（1）消防给水系统

它是扑救火灾的重要条件之一。应按防火规范的规定要求，设计消防给水设施，保证消防水源充足可靠，水量和水压满足灭火需要。消防给水系统由消防水源、消防给水管网、消火栓三部分组成。

（2）蒸汽灭火系统

它能有效地扑灭可燃气体和液体火灾。蒸汽灭火系统是一套释放水蒸气进行灭火的装置或设施。它具有设备简单、费用低、使用方便、维护容易、灭火时淹没性能好等优点。在正常生产需要大量的水蒸气，且着火时能提供足够的灭火用水蒸气的场所，如石油化工厂、炼油厂、火力发电厂、燃油锅炉房、油泵房、重油罐区、露天生产装置区、重油油品库房等场所，一般适宜采用蒸汽灭火系统。

（3）泡沫灭火系统

它是设置在被保护对象附近可向可燃液体表面直接释放泡沫进行灭火的装置或设施，广泛用于保护可燃液体罐区及工艺设施内有火灾危险的局部场所。

（4）自动喷水系统

它是通过设置的喷头自动供水灭火和冷却的系统。该系统一般安装在建（构）筑物和工业设备上。当发生火灾时，它能发出火灾警报，自动喷水、冷却和灭火，具有工作性能稳定、灭火效率高、维护简便和使用期长等优点，是扑救工厂初期火灾的重要灭火设施。

[知识学习]

水是最常用的灭火剂，木头、纸张、棉布等起火，可以直接用水扑灭。

72. 如何使用喷水灭火器?

将清水或强化液灭火器提至火场，在距离燃烧物10米处，将灭火器直立放稳。

（1）摘下保险帽，用手掌拍击开启杆顶端的凸头。这时贮气瓶的密膜片被刺破，二氧化碳气体进入筒体内，迫使清水从喷嘴喷出。

（2）立即一只手提起灭火器，另一只手托住灭火器的底圈，将喷射的水流对准燃烧最猛烈处喷射。

（3）随着灭火器喷射距离的缩短，使用者应逐渐向燃烧物靠近，使水流始终喷射在燃烧处，直到将火扑灭。

　[相关链接]

注意事项：在喷射过程中，灭火器应始终与地面保持大致的垂直状态，切勿颠倒或横卧，否则，会使加压气体泄出而灭火剂不能喷射。

73. 有毒有害气体泄漏应怎么样处置?

（1）设置警戒区

泄漏现场的警戒区边界浓度应设在可燃气体爆炸下限的30%，其范围之内为警戒区。如果是液化气泄漏，要按气体扩散范围划定警戒区域，警戒范围按液化石油气爆炸浓度下限的1/2，即0.75%确定。因气态石油气密度比空气大，测试仪应布置在贴近地表处。因气体扩散受泄漏量、风力等条件的影响时刻在变化，警戒范围要根据测得的数值随时调整。

（2）消除引火源

在警戒区内严禁任何火源存在和带入，必须果断地熄灭可燃物料泄漏扩散危险区的一切火种，中断加热热源；对于该区域内的电气设备，保持其原来状态，不要开或关，及时切断该区域的总电源；进入警戒区的人员，严禁穿钉鞋和化纤衣服；操作各种消防器材、工具、手电、手抬泵、车辆等，严防打出火花；堵漏时应采用不

不得进入
警戒区域！

发火器材工具；消防车不准驶入警戒区域内，在警戒区域内停留的车辆不准再发动行驶。根据现场情况，动员现场周围特别是下风方向的居民和单位职工迅速消除火源。

（3）关阀断料

管道发生泄漏，泄漏点处在阀门以后且阀门尚未损坏，可采取关闭输送物料管道阀门，断绝物料源的措施，制止泄漏。关闭管道阀门时，必须设开花或喷雾水枪掩护。

（4）堵漏封口

管道、阀门或容器壁发生泄漏，且泄漏点处在阀门以前或阀门损坏，不能关阀止漏时，可使用各种针对性的堵漏器具和方法实施封堵泄漏口。

[相关链接]

如遇到有毒气体泄漏，首先应该做到查明毒害，并做好防护。处置有毒气体（蒸气）泄漏事故时，首先要查明现场毒性

气体（蒸气）的性质、泄漏点、泄漏量、扩散范围等。根据毒气的危害性质、扩散范围，设置危险警戒区。必须做好个人安全防护，如佩戴空气呼吸器，着防毒衣或防化服等。从现场的上风和侧风方面，进入现场危险区救人和处置险情。同时，应尽快通知周围可能受影响的人员疏散，并报警。

74. 如何扑救气体火灾?

气体或液化气泄漏后遇着火源形成稳定燃烧时，其发生爆炸或再次爆炸的危险性与可燃气体或液化气泄漏未燃时相比要小得多。根据气体或液化气体火灾的特点，应采取如下扑救方法：

（1）控制火势蔓延，积极抢救人员

首先扑灭外围被火源引燃的可燃物火势，切断火势蔓延的途径，控制燃烧范围，并积极抢救受伤和被困人员。如果附近有受到火焰辐射热威胁的压力容器，能疏散的应尽量在水枪的掩护下疏散到安全地带。

（2）关阀断气，创造有利的灭火条件

如果是输气管道泄漏着火，应设法找到气源阀门。阀门完好时，只要关闭气体的进出阀门，火势就会自动熄灭。在特殊情况下，只要判断阀门尚有效，可先扑灭火势，再关闭阀门。一旦发现关闭已无

快关阀断气!

效，一时又无法堵漏时，应迅速点燃，恢复稳定燃烧。

（3）冷却降温，防止物理爆炸

开启固定水喷淋装置，出水冷却燃烧罐和与其相邻的储罐，对于火焰直接烧烤的罐壁表面和邻近罐壁的受热面，要加大冷却强度；必须保证充足的水源，充分发挥固定水喷淋系统的冷却保护作用。冷却要均匀，不要留下空白，避免物理爆炸事故发生。

（4）灭火堵漏，消除危险源

要抓住战机，适时实行强攻灭火。对准泄漏口处火焰根部合理使用交叉射水分隔、密集水流交叉射水，或对准火点喷射干粉、二氧化碳或卤代烷，扑灭火焰。气体或液化气储罐或管道阀门处泄漏着火，且储罐或管道泄漏关阀无效时，应根据火势判断气体压力和泄漏口的大小及其形状，准备好相应的堵漏器材（如塞楔、堵漏气垫、黏合剂、卡箍工具等）。堵漏工作准备就绪后，即可实施灭火，同时需用水冷却烧烫的罐或管壁。火扑灭后，应立即用堵漏材料堵漏，同时用雾状水稀释和驱散泄漏出来的气体或液化气。如果确认泄漏口非常大，根本无法堵漏，只需冷却着火容器及其周围容器和可燃物品，控制着火范围，直到燃气燃尽，火势自动熄灭。

（5）实施现场监控，防止爆炸和复燃

现场扑救人员应注意各种爆炸危险征兆，遇有火势熄灭后较长时间未能恢复稳定燃烧，或受热辐射的容器有下列情况：燃烧的火焰由红变白、光芒耀眼，燃烧处发出刺耳的呼啸声，罐体抖动，排气处、泄漏处喷气猛烈等，此时，火场指挥员要敏锐地觉察这些储罐爆炸前的征兆，做出爆炸判断，及时下达撤退命令，避免造成大的人员伤亡。

75. 如何扑救易燃液体火灾?

（1）易燃液体储罐泄漏着火，在切断蔓延把火势限制在一定范围内的同时，应迅速准备好堵漏工具，然后先用泡沫、干粉、二氧化碳或雾状水等扑灭地上的流淌火焰，为堵漏扫清障碍，其次再扑灭泄漏口的火焰，并迅速采取堵漏措施。

（2）对大面积地面流淌性火灾，采取围堵防流，分片消灭的灭火方法；对大量的地面重质油品火灾，可视情采取挖沟导流的方法，将油品导入安全的指定地点，利用干粉或泡沫一举扑灭。对暗沟流淌火，可先将其堵截住，然后向暗沟内喷射高倍泡沫，或采取封闭窒息等方法灭火。

（3）对于固定灭火装置完好的燃烧罐（池），启动灭火装置实施灭火。对固定灭火装置被破坏的燃烧罐（池），可利用泡沫管枪、移动泡沫炮、泡沫钩管进攻或利用高喷车、举高消防车喷射泡沫等方法灭火。

（4）对于在油罐的裂口、呼吸阀、量油口或管道等处形成的火炬型燃烧，可用覆盖物如浸湿的棉被、石棉被、毛毡等覆盖火焰窒息灭火，也可用直流水冲击灭火或喷射干粉灭火。

（5）对于原油和重油等具有沸溢和喷溅危险的液体火灾，如有条件，可采取排放罐底存积水防止发生沸溢和喷溅的措施。在灭火同时必须注意观察火场情况变化，及时发现沸

扑灭地上的流淌火焰后再扑灭泄漏口的火焰。

溢、喷溅征兆，应迅即做出正确判断，及时撤退人员，避免造成伤亡和损失。

（6）对于水溶性的液体如醇类、酮类等火灾，用抗溶性泡沫扑救。用干粉或卤代烷扑救时，灭火效果要视燃烧面积大小和燃烧条件而定，也需用水冷却罐壁。

 [知识学习]

液体不管是否着火，如果发生泄漏或溢出，都将顺着地面（或水面）漂散流淌，而且易燃液体还有密度和水溶性等涉及能否用水和普通泡沫扑救的问题，以及危险性很大的沸溢和喷溅问题。

76. 如何扑救易燃或可燃固体火灾？

（1）黄磷、硫黄、萘、石蜡等易燃固体物质着火时，最好用开花水流扑救，如果数量较小时可用泡沫灭火器或干沙扑救。由于黄磷、硫黄燃烧时生成五氧化二磷和二氧化硫的有毒气体，因此扑救时，人员要占据上风方向或采取防毒措施。灭火后，火场的残渣要清理掉，以防复燃。

（2）硝化棉、赛璐珞及其制品着火时燃烧速度极快，最有效的灭火方法是用密集水流进行扑救，水量越大效果越好，也可用泡沫或干沙扑救，但效果不够好。

（3）金属钾、钠、锂、钙、镁、铝、铝粉、锌粉着火时，不可用水或泡沫扑救，因为用水和泡沫会助长其燃烧强度，使之更加猛烈，宜用干沙、干粉扑救。如果燃烧金属数量不多，在其周围用干沙围起来使之不蔓延就可以了。金属粉末着火时，不要使用二氧化碳灭火器，以防由于气体冲击使其飞扬而发生粉尘爆炸事故。

（4）一般可燃固体，如木材、各种塑料、天然橡胶、合成橡胶、化纤及其制品、棉、麻及其编织品等着火时，均可用开花水流、泡沫、二氧化碳和沙土扑救。棉包、麻包表面火被扑灭后，包捆内还会阴燃，因此必须拆开棉包、麻包扑灭阴燃火，以防复燃。

（5）扑救燃烧能产生有毒气体的固体物质的火灾中，灭火人员应尽量占据上风方向，免遭有毒燃烧产物的毒害。

[知识学习]

固体物质着火按其燃烧速度、特征和能否用水扑救分为如下几种类型：

（1）易熔固体着火，如石蜡、硫黄等，先受热熔化，然后蒸发分解燃烧，燃烧速度较快。

（2）受热分解，有的分解极快，靠自身的含氧量快速燃烧，如硝化棉、赛璐珞等。

（3）可燃金属着火，虽然火焰不大，但燃烧温度高，而且不能用水扑救。

（4）一般固体物质着火，受热分解较慢，燃烧速度不是很快，如木材等。有些固体燃烧时还会产生有毒气体，如三硫化磷等。

77. 如何扑救电气火灾?

（1）断电灭火方法

当扑救人员的身体或所使用的消防器材接触或接近带电部位，或在冷却和灭火中直流水柱、喷射出的泡沫等射至带电部位，电流通过水或泡沫导入射手身体，或电线断落对地短路在跑泄电流地区形成跨步电压时，容易发生触电事故。为了防止

在扑救火灾过程中发生
触电事故，首先禁止无
关人员进入着火现场，
特别是对于有电线落地
已形成了跨步电压或接
触电压的场所，一定要
划分出危险区域，并有
明显的标志和专人看
管，以防误入而伤人。
同时，要与生产调度、
电工技术人员合作，在
允许断电时要尽快设

不要在这里围观了！

法切断电源，为扑救火灾创造安全的环境。断电方法有以下几
种：

1）利用变电所、配电室内电源主开关切断整个生产装置
区、车间、库房的电源。应先断开自动空气开关或油断路器等
主开关，然后拉开隔离开关，以免产生电弧发生危险。

2）利用建筑物内电源闸刀开关切断电源。在生产装置、车
间发生火灾时，如果生产条件允许切断电源时，可利用绝缘操
作杆、干燥的木棍，或者戴上干燥的绝缘手套进行关断。

3）利用动力设备的电源控制开关切断各个电动机的电源。
在其停止运转后，再用总开关切断配电盘的总电源，以防止产
生强烈电弧，烧坏设备或烧伤进行操作的人员。

4）利用变电所和户外杆式变电台上的变压器高压侧的跌落
式熔断器切断电源。变压器发生火灾需要切断电源时，可用绝
缘杆捅跌落式熔断器的"鸭嘴"，使熔线管跌落而切断电源。

5）采取剪断线路办法切断电源。对电压在250伏以下的

线路或380/220伏的三相四线制线路时，可穿戴绝缘靴和绝缘手套，用断电剪将电线剪断。而且，剪断的位置应在电源方向的支撑物附近，以防止导线被剪断后掉落在地上而造成接地短路；需剪断非同相电线或一根相线一根零线的绝缘导线时，应在不同部位分两次剪断；当扭缠的单相两根导线和两芯、三芯、四芯的护套线需剪断时，也应在不同部位分两次剪断，不得使用断电剪同时在同一部位一次剪断两根和两根以上的线芯；否则，极易造成短路和人身触电事故。

（2）带电灭火方法

1）用灭火器实施带电灭火。对于初期带电设备或线路火灾，应使用二氧化碳或干粉灭火器具进行扑救。扑救时应根据着火电气线路或设备的电压，确定扑救最小安全距离，在确保人体、灭火器的筒体、喷嘴与带电体之间距离不小于最小安全距离的要求下，操作人员应尽量从上风方向施放灭火剂实施灭火。

2）用固定灭火系统实施带电灭火。生产装置区、库区、装卸区和变、配电所等部位的蒸汽、二氧化碳、干粉固定灭火装置，以及雾状水等固定或半固定的灭火装置，可以直接用于带电灭火。当上述部位涉及带电火灾时，应及时启动，可取得良好的灭火效果。

3）用水实施带电灭火。因水能导电，用直流水柱近距离直接扑救带电的电气设备火灾，扑救人员会有触电伤亡危险，只有在通过水流导致人体的电流低于1毫安时，才能保障灭火人员的安全。

[知识学习]

电气起火，不可用水扑救，也不可用潮湿的物品捂盖。水是导体，这样做会发生触电。正确的方法是首先切断电源，然后再灭火。

78. 如何扑救危险化学品火灾?

（1）设置警戒线

危险化学品事故现场情况复杂，必须实施警戒，并及时疏散危险区域内的人员。根据仪器检测结果和现场气象情况，确定警戒区域，划定警戒范围。要在适当地方设置明显的警戒线。

（2）选择适当的处置方法，防止盲目施救

危险化学品种类繁多，各种危险化学品有各自的危险特性，处置方法也不同，所以，发生危险化学品运输事故首先一定要弄清楚运输的危险化学品的名称和危险性，再根据事故现场情况，选择适当的处置方法。没有妥善的处置方法，没有必要的防护设备，不能贸然处置，否则会加重事故的危害后果。

（3）正确选用灭火剂

在扑救危险化学品火灾时，应正确选用灭火剂，积极采取针对性的灭火措施。大多数易燃、可燃液体火灾都能用泡沫灭火器扑救。其中，水溶性的有机溶剂火灾应使用抗溶性泡沫扑救，如醚、醇类火灾。可燃气体火灾可使用二氧化碳、干粉等

拜托！先搞清楚我是谁再扑救行不行？

灭火剂扑救。有毒气体和酸、碱液可使用喷雾、开花射流或设置水幕进行稀释。遇水燃烧物质，如碱金属及碱土金属火灾，遇水反应物质，如乙硫醇、乙酰氯等，应使用干粉、干沙土或水泥粉等覆盖灭火。粉状物品，如硫黄粉、粉状农药等，不能用强水流冲击，可用雾状水扑救，以防发生粉尘爆炸，扩大灾情。

（4）控制和消除引火源

大多数危险化学品都具有易燃、易爆性，现场处置中若遇引火源，发生燃烧爆炸，对现场人员、周围群众、设施都会造成严重危害，也给事故处置增加难度。如果处置的危险化学品是易燃、易爆物品，现场和周围一定范围内要杜绝火源，所有电气设备都应关掉，进入警戒区的消防车辆必须带阻火器。现场上空的电线断电，固定电话、手机等通信工具也要关闭，防止打出电火花引燃引爆可燃气体、可燃液体的蒸汽或可燃粉尘。堵漏或现场操作中应使用无火花处置工具。

（5）清理和洗消现场

危险化学品火灾扑灭后，要对事故现场进行彻底清理，防止因某些危险化学品没有清理干净而导致复燃，并对火灾现场及参与火灾扑救的人员、装备等实施全面洗消。对现场进行再次检测，确保现场残留毒物达到安全标准后，解除警戒。

[相关链接]

危险化学品火灾扑灭后，要对事故现场进行彻底清理，防止因某些危险化学品没有清理干净而导致复燃。并对火灾现场及参与火灾扑救的人员、装备等实施全面洗消。对现场进行再次检测，确保现场残留毒物达到安全标准后，解除警戒。

[知识学习]

大多数易燃、可燃液体火灾都能用泡沫扑救。其中，水溶性的有机溶剂火灾应使用抗溶性泡沫扑救，如醚、醇类火灾。可燃气体火灾可使用二氧化碳、干粉等灭火剂扑救；有毒气体和酸、碱液可使用喷雾、开花射流或设置水幕进行稀释；遇水燃烧物质，如碱金属及碱土金属火灾，遇水反应物质，如乙硫醇、乙酰氯等，应使用干粉、干沙土或水泥粉等覆盖灭火；粉状物品，如硫黄粉、粉状农药等，不能用强水流冲击，可用雾状水扑救，以防发生粉尘爆炸，扩大灾情。

79. 如何扑救汽车火灾?

（1）当汽车发动机发生火灾时，驾驶员应迅速停车，让乘客人员打开车门自己下车，然后切断电源，取下随车灭火器，对准着火部位的火焰正面猛喷，扑灭火焰。

（2）汽车车厢货物发生火灾时，驾驶员应将汽车驶离重点要害部位（或人员集中场所）停下，并迅速向消防队报警。

（3）当汽车在加油过程中发生火灾时，驾驶员不要惊慌，要立即停止加油，迅速将车开出加油站（库），用随车灭火器或加油站的灭火器以及衣服等将油箱上的火焰扑灭，如果地面有流散的燃料时，应用库区灭火器或沙土将地面火扑灭。

（4）当汽车在修理中发生火灾时，修理人员应迅速上车或钻出地沟，迅速切断电源，用灭火器或其他灭火器材扑灭火焰。

（5）当汽车被撞倒后发生火灾时，由于撞倒车辆零部件损坏，乘车人员伤亡比较严重，首要任务是设法救人。

（6）当停车场发生火灾时，一般应视着火车辆位置，采取扑救措施和疏散措施。如果着火汽车在停车场中间，应在扑救火灾的同时，组织人员疏散周围停放的车辆。

（7）当公共汽车发生火灾时，由于车上人多，要特别冷静果断，首先应考虑到救人和报警，视着火的具体部位而确定逃生和扑救方法。

[知识学习]

当公共汽车发生火灾时，由于车上人多，要特别冷静果断，首先应考虑到救人和报警，视着火的具体部位而确定逃生和扑救方法。如着火的部位在公共汽车的发动机，驾驶员应开启所有车门，令乘客从车门下车，再组织扑救火灾。如果着火部位在汽车中间，驾驶员开启车门后，乘客应从两头车门下车，驾驶员和乘车人员再扑救火灾、控制火势。如果车上线路被烧坏，车门开启不了，乘客可从就近的窗户下车。如果火焰封住了车门，车窗因人多不易下去，可用衣物蒙住头从车门处冲出去。

80. 人身着火如何扑救？

人身着火多数是由于工作场所发生火灾、爆炸事故或扑救火灾引起的。也有因用汽油、苯、酒精、丙醇等易燃油品和溶剂擦洗机械或衣物，遇到明火或静电火花而引起的。当人身

着火时应采取如下措施：

（1）若衣服着火又不能及时扑灭，则应迅速脱掉衣服，防止烧坏皮肤。若来不及或无法脱掉应就地打滚，用身体压灭火种。切记不可跑动，否则风助火势会造成严重后果。就地用水灭火效果会更好。

（2）如果人身溅上油类而着火，其燃烧速度很快。人体的裸露部分，如手、脸和颈部最易烧伤。此时伤痛难忍，神经紧张，会本能地想以跑动逃脱。在场的人应立即制止其跑动，令其倒地，用石棉布、棉衣、棉被等物覆盖，用水浸湿后覆盖效果更好。用灭火器扑救时，注意不要对着脸部。

 [相关链接]

当发生人身着火事故时，救援人员除采取灭火方法之外，还应该注意不能因为扑火而造成受害人更大的伤害。

☞ 安全疏散与逃生

81. 火灾发生时如何进行有组织的疏散?

（1）口头疏散引导

火灾中，人们急于逃生，可能一起拥向有明显标志的出口，造成拥挤混乱。此时，工作人员要设法引导疏散，为人们指明各种疏散通道。同时要用镇定的语气呼喊，劝说人们消除临险产生的恐慌心理，稳定情绪、坚定信心、积极配合，按指定路线有条不紊地安全疏散。

（2）广播引导疏散

通过广播引导人员疏散，能在疏散中起着重要作用。事故广播小组在接到发生火灾的信号后，要立即启动事故广播系统，将指挥员的命令、火灾情况、疏散情况等由控制中心发出，引导人们疏散。

（3）强行疏导疏散

如果火势较大，直接威胁人员安全，影响疏散时，工作人员及到达火场的义务消防队员，可利用各种灭火器材及水枪全力堵截火势，掩护被困人员疏散。由于惊慌混乱而造成疏散通路和出入口堵塞时，要组织疏导，向外拖拉。有人跌倒时，还要设法阻止人流，迅速扶起摔倒的人员，以及采取必要的手段强制疏导，防止出现伤亡事故。安全疏散时一定要维持好秩序，注意防止互相拥挤，要帮助行动不便的老、弱、病、残者一道撤离火场。

在疏散通道的拐弯、岔道等容易走错方向的地方，应设立

"哨位"指示方向，防止误入死胡同或进入危险区域。

[相关链接]

　　火灾事故现场里的人们最容易随流而动，也可称为聚集性或从众性，从而引起更多的人的聚集，发生混乱，而混乱是安全疏散的大敌。

82. 地下建筑发生火灾如何疏散？

　　（1）应制定区间（两个出入口之间的区域）疏散计划。计划应明确指出区间人员疏散路线，和每条路线的负责人。

　　（2）服务管理人员都必须熟悉计划，特别是要明确疏散路线，以便发生紧急情况时能沉着引导人流撤离起火场所。

请大家跟着手电光撤离！

　　（3）地下建筑内的走道两侧附设的招牌、广告、装饰物均不得突出于走道内，以免妨碍疏散。

　　（4）如果发生断电事故，营业单位应立即启用平时备好的事故照明设施或使用手电筒、应急灯、电池灯等照明器具，以引导疏散。

　　（5）单位负责安全的管理人员在人员撤离后应清理现场，防止发生在慌乱中躲藏起来的人中毒或被烧死的事故。

[相关链接]

地下建筑物包括地下旅馆、商店、游艺场。这些场所发生火灾时，烟气很快充满空间，空间温度高，能见度极差，人们在惊慌中又易迷失方向等，人员疏散只能通过出入口，安全疏散的难度要比地面建筑大得多。

83. 火灾安全疏散的注意事项有哪些?

（1）保持安全疏散秩序。

（2）应遵循的疏散顺序：先老、弱、病、残、孕，其次旅客、顾客、观众；后员工；最后为救助人员。

（3）发扬团结友爱、互相帮助的精神。

（4）疏散、控制火势和火场排烟，原则上应同时进行。

（5）疏散中原则上禁止使用普通电梯。

（6）不要滞留在没有消防设施的场所。

（7）逃生中注意自我保护，脱下着火衣服。

（8）注意观察安全疏散标志。

 [知识学习]

普通电梯由于缝隙多，在发生火灾时极易受到烟火的侵袭，而且电梯竖井又是烟火蔓延的主要通道，所以采用普通电梯作为疏散工具是极不安全的。

 [血的教训]

美国罗得岛州一个名叫西沃伟克的夜总会某日因施放焰火引起火灾，急于逃命的人们不注意安全疏散方法，一起涌向正门，前后挤成一团，谁也逃不掉，光是正门处就有20余人被烧死、熏死，甚至踩死。

1956年的日本仙台丸光百货店营业中发生火灾，2 000多名顾客在训练有素的营业员统一指挥下，全部安全疏散至楼外，无一伤亡，创造了火灾发生后人员安全疏散的奇迹。

84. 可利用的建筑的疏散设施有哪些?

（1）疏散楼梯间。包括敞开楼梯间、密闭楼梯间、防烟楼梯间和室外疏散楼梯。

疏散走道

一旦发生了火灾，疏散走道可以有效地疏散人群，争取逃生时间!

（2）疏散走道。

（3）安全出口。安全出口包括疏散楼梯和直通室外的疏散门。

（4）应急照明和疏散指示标志、应急广播及辅助救生设施等。

（5）超高层建筑还需设置避难层和直升机停机坪等。

[相关链接]

一般应设置封闭楼梯间的建筑物有:

（1）汽车库中人员疏散用的室内楼梯。

（2）甲、乙、丙类厂房和高层厂房、高层库房的疏散楼梯。

（3）11层及11层以下的通廊式住宅;12层以上及18层以下

的单元式住宅。

（4）医院、疗养院的病房楼，设有空气调节系统的多层旅馆和超过5层的其他公共建筑的室内疏散楼梯（包括底层扩大封闭楼梯间）。

85. 什么是疏散走道?

疏散走道是疏散时人员从房间内至房间门，或从房间门至疏散楼梯或外部出口等安全出口的室内走道。在火灾情况下，人员要从房间等部位向外疏散，首先通过疏散走道，所以，疏散走道是疏散的必经之路，通常为疏散的第一安全地带。一般要求是：

（1）走道要简明直接，尽量避免弯曲，尤其不要往返转折，否则会造成疏散阻力和产生不安全感。

（2）疏散走道内不应设置阶梯、门槛、门垛、管道等突出物，以免影响疏散。

（3）因为走道是火灾时疏散的必经之路，为第一安全地带，所以走道的结构和装修必须保证它的耐火性能。走道中墙面、顶棚、地面的装修应符合《建筑内部装修设计防火规范》的要求。同时，走道与房间隔墙应砌至梁、板底部并全部填实所有空隙。

[法律提示]

根据《机关、团体、企业、事业单位消防安全管理规定》（公安部令第61号）的规定，单位应当根据消防法规的有关规定，建立专职消防队、义务消防队，配备相应的消防装备、器材，并组织开展消防业务学习和灭火技能训练，提高预防和扑救火灾的能力。

单位发生火灾时，应当立即实施灭火和应急疏散预案，务必做到及时报警，迅速扑救火灾，及时疏散人员。邻近单位应当给予支援。任何单位、人员都应当无偿为报火警提供便利，不得阻拦报警。

单位应当为公安消防机构抢救人员、扑救火灾提供便利和条件。

火灾扑灭后，起火单位应当保护现场，接受事故调查，如实提供火灾事故的情况，协助公安消防机构调查火灾原因，核定火灾损失，查明火灾事故责任。未经公安消防机构同意，不得擅自清理火灾现场。

[知识学习]

《建筑内部装修设计防火规范》（GB50222-1995）2001年已经修订。

86. 燃烧产物对人体有什么危害作用？

火灾现场对人体的危害主要有四种，即缺氧、高温、毒性气体、烟尘。

（1）缺氧

由于火场上可燃物燃烧消耗氧气，同时产生毒气，使空气中的氧浓度降低。特别是建筑物内着火，在门窗关闭的情况下，火场上的氧气会迅速降低，使火场上的人员由于氧气减少而窒息死亡。当氧气在空气中的含量由21%的正常水平下降到15%时，人体的肌肉协调受影响；如再继续下降至10%~14%，人虽然有知觉，但判断力会明显减退，并且很快感觉疲劳；降到6%~10%时，人体大脑便会失去知觉，呼吸及心脏同时衰竭，数分钟内可死亡。

（2）高温

火场上由于可燃物质多，火灾发展蔓延迅速，火场上的气体温度在短时间内即可达到几百摄氏度。空气中的高温能损伤呼吸道。当火场温度达到49%~50℃时，能使人的血压迅速下降，导致循环系统衰竭。吸入的气体温度超过70℃，会使气管、支气管内黏膜充血起水泡，组织坏死，并引起肺水肿而窒息死亡。人在100℃环境中即出现虚脱现象，丧失逃生能力，严重者会造成死亡。

（3）烟尘

火场上的热烟尘是由燃烧中析出的碳粒子、焦油状液滴，以及房屋倒塌时扬起的灰尘等组成。这些烟尘随热空气一起流动，若被人吸入呼吸系统后，能堵塞、刺激内黏膜，有些甚至能危害人的生命。

（4）毒性气体

火灾中可燃物燃烧产生大量烟雾，其中含有一氧化碳、二氧化碳、氯化氢、氮的氧化物、硫化氢、氰化氢、光气等有毒气体。这些气体对人体的毒害作用很复杂且危害性极大。

【专家提示】

火灾中的缺氧、高温、烟尘、毒性气体是危害人身的主要原因，其中任何一种危害都能置人于死地。

[血的教训]

1993年11月19日，广东省深圳市葵涌镇致丽玩具厂发生火灾，死亡87人，伤51人。事故后发现，在玩具厂楼梯下被焊死的卷帘门后都堆满了被熏死的工厂员工。

87. 火场逃生需做哪些准备工作?

（1）健全组织，明确分工

机关团体、企业、事业单位要成立专门的应急救援机构，指定专人负责并明确职责，同时建立若干小组，如报警引导组、疏散抢险组、安全救护组等，以便人员有序地疏散。

（2）制订逃生方案

应根据火势大小和不同部位制定出不同类型的应急预案和逃身方案，画出疏散图，标注所有门、窗、通道、室外特征和可能的障碍，明确规定疏散信号、疏散路线、疏散通道和疏散方法，指出从每个房间逃生的主要路线和备用路线。

（3）加强逃生知识的学习和演练

了解有关科学知识，学习火场逃生知识，掌握火场逃生方法；进行逃生技能应用训练，熟悉疏散路线，了解疏散方案和行为要求；定期不定期地进行演练，实际检验每条逃生路线，确保每条计划逃生路线在紧急情况下能使用。

（4）熟悉环境

熟悉自己居住、工作的建筑结构，清楚楼梯、电梯、大门、通道，尤其是安全门、消防通道等疏散途径，应该对它们了如指掌。

（5）保持通道畅通无阻

楼梯、通道、安全出口等是火灾时最重要

幸亏看了地图，我把方向记错了……

疏散路线图

的逃生之路，平时应保持畅通无阻，切不可堆放杂物或设闸上锁。

（6）配置救生器材

新建民用建筑，特别是高层建筑、地下建筑、商场、宾馆、歌舞厅、劳动密集型工厂等人员聚集场所，疏散楼梯数量、宽度、形式及火灾自动报警、自动灭火系统等应符合规范要求，应配备必要的应急灯、疏散标志和救生网、救生袋、救生软梯、自救绳、救生气垫、滑竿、滑梯、缓降器等逃生器材。

 [相关链接]

在疏散过程中，始终应把疏散秩序和安全作为重点，尤其要防止发生拥挤、践踏、摔伤等事故。

88. 火场逃生的方法有哪些?

（1）扑灭小火，惠及他人利自身。

（2）保持镇静，明辨方向，迅速撤离。

（3）不入险地，不贪财物。

（4）简易防护，蒙鼻匍匐。

（5）善用通道，莫入电梯。

（6）缓降逃生，滑绳自救。

（7）避难场所，固守待援。

（8）缓晃轻抛，寻求援助。

（9）跳楼有术，虽损求生。

（10）火已及身，切勿惊跑。

（11）身处险境，自救莫忘救他人。

[血的教训]

2001年10月26日，重庆位于渝北区的一家招待所突然发生大火（位于三楼），在这场大火中的两个花季女孩走向了两个不同的结局：一位惊慌失措，跳楼身亡，年轻的生命戛然而止；另一位用棉被裹身，毫发无损地冲出了火场。两种不同的命运，只因为采取了两种不同的逃生方式。由此可见，在生死瞬间，多一点技能，就多一点逃生的把握；多一点逃生的知识，就多一分生存的希望。

89. 高层建筑火灾如何逃生?

（1）利用消防电梯进行疏散逃生，但着火时普通电梯千万不能乘坐。

（2）利用室内的防烟楼梯、封闭楼梯进行逃生。

（3）利用建筑物的阳台、通廊、避难层、室内设置的缓降器、救生袋、安全绳等进行逃生。

（4）利用观光楼梯避难逃生。

（5）利用墙边落水管进行逃生。

（6）利用房间床单等物连接起来进行逃生。

[相关链接]

发生火灾时，要积极行动，不能坐以待毙。要充分利用身边的各种利于逃生的东西，如把床单、窗帘、地毯等接成绳，进行滑绳自救，或将洗手间的水淋湿墙壁和门阻止火势蔓延等。逃生前最好用水将衣服浇湿，用湿毯子裹住全身或用湿衣服包住头部裸露部位，这样穿过着火区时身体裸露部位不至于被烧伤。

90. 发生火灾如何互救?

互救是指在火灾中表现出舍己救人，以帮助他人为目的的行为。互救分为自发性互救和有组织的互救。

老张，楼道着火了。快逃啊!

（1）自发性互救

自发性互救是指在火灾现场，在无组织、无领导的情况下，群众所采取的一种自觉自愿的救助行为。如当火灾发生时高喊："着火了!"或敲门向左邻右舍报警，当周围的邻居听到着火的消息后，年轻力壮和有行为能力的人都会纷纷跑来救人、灭火和帮助年老体弱者、妇女和儿童逃离火场。

（2）有组织互救

有组织的互救是指在火灾初期，消防人员尚未到达火场之前，由起火单位的干部和职工组织起来的互救行为，表现为火灾发生时利用喊话、广播通知，引导被火围困人员逃离险境。当疏散通道被烟火封锁时，协助架设梯子、抛绳子、递竹竿等帮助被困人员逃生。有条件还可在楼下拉起救生网，放置软体物质，救助从楼上往下跳的人员。在配有一般消防器材的建筑火灾中，还可利用建筑物内的水带、水枪为被围困人员开辟通道，帮助其迅速逃离火场。

[相关链接]

互救是在火灾中使他人免于受害的疏散行为。引起互救行为的原因各不相同，如同情、救难、助人等，但其共同之处都是为了使别人获得方便和利益，而把个人生死置之度外的表现。这是人类社会高尚的美德，是值得大力赞美和弘扬的。

[想一想]

你在平时的信息中，了解了哪些在火灾发生时为了救助他人自己受到伤害甚至牺牲的可歌可泣的事迹？

91. 火灾发生如何利用条件逃生？

（1）利用门窗逃生

利用门窗逃生的前提条件是火势不大，还没有蔓延到整个单元住宅，同时，是在受困者较熟悉燃烧区内通道的情况下进行的。具体方法为：把被子、毛毯或褥子用水淋湿裹住身体，低身冲出受困区。或者将绳索一端系于窗户中横框或室内其他固定构件上，另一端系于小孩或老人的两腋和腹部，将其沿窗放至地面或下层窗口，然后破窗入室从通道疏散，其他人可沿绳索滑下。

（2）利用阳台逃生

按要求高层单元住宅建筑从第七层开始每层相邻单元的阳台相互连通，在此类楼层中受困，可拆破阳台间的分隔物，从阳台进入另一单元，再进入疏散通道逃生。建筑中无连通阳台而阳台相距较近时，可将室内的床板或门板置于阳台之间搭桥通过。如果楼道走廊已为浓烟所充满无法通过时，可紧闭与阳台相通的门窗，站在阳台上避难。

（3）利用空间逃生

在室内空间较大而火灾占地不大时可利用这个方法。其具体做法是：将室内（卫生间、厨房都可以，室内有水源最佳）的可燃物清除干净，同时清除与此室相连室内的部分可燃物，清除明火对门窗的威胁，然后紧闭与燃烧区相通的门窗，防止烟和有毒气体的进入，等待火势熄灭或消防人员的救援。

（4）利用时间差逃生

在火势封闭了通道时，可利用时间差逃生。由于一般单元式住宅楼为一、二级防火建筑，耐火极限为2.5~2小时，只要不是建筑整体受火势的威胁，局部火势一般很难致使住房倒塌。人员先疏散至离火势最远的房间内，在室内准备被子、毛毯等，将其淋湿，采取利用门窗逃生的方法，逃出起火房间。

（5）利用管道逃生

房间外墙壁上有落水或供水管道时，有能力的人，可以利用管道逃生。这种方法一般不适用于妇女、老人和小孩等体力较弱者。

 [相关链接]

火灾发生时，应注意人员的逃生顺序。

92. 一般火场逃生有哪些错误行为？

（1）原路脱险

一旦发生火灾时，人们总是习惯沿着进来的出入口和楼道进行逃生，当发现此路被封死时，才被迫去寻找其他出入口。殊不知，此时已失去最佳逃生时间。

（2）向光朝亮

这是在紧急危险情况下，由于人的本能、生理、心理所决定，人们总是向着有光、明亮的方向逃生。但是，很多时候光亮的地方正是火灾燃烧比较厉害的地方，也是最危险的地方。

（3）盲目追随

当人的生命突然面临危险状态时，极易因惊慌失措而失去正常的判断思维能力，当听到或看到有什么人在前面跑动时，第一反应就是盲目紧紧地追随其后。

（4）自高向下

当高楼大厦发生火灾，特别是高层建筑一旦失火，人们总是习惯性地认为：火是从下面往上着的，越高越危险，越下越安全。其实很多时候，楼下已经是一片火海。

（5）冒险跳楼

人们在发现逃生之路已被大火封死，火势越来越大，烟雾越来越浓时，人们就很容易失去理智，盲目跳楼、跳窗等，增加了危险性。

 [血的教训]

1993年7月，有关组织在英国南部的一所大学作了一次逃生实验。当学生们正在教室上晚自习的时候，走廊里的火灾警报器突然响了。等大家明白过来是怎么回事之后，都一股脑儿地涌出教室。很快，这座6层小楼的主疏散楼梯挤满了等待疏散的学生。并且每个学生手里都提着大包小包的东西，使本来就拥挤的楼梯显得更拥挤了。这些包里大都装着书本，很沉。况且，人在往外挤的时候，这些包常常被后面的人流卡住，从而降低了人们的逃生速度。在这个实验中，学生们花了几个小时才全部疏散完毕。

93. 火灾现场逃生应注意哪些问题?

（1）保持镇静，克服惊慌心理，谨防心理崩溃。

随手关闭通道上的门窗，这样可以减缓火势的蔓延!

（2）逃生时，应遵循的疏散顺序。就多层场所而言，疏散应以先着火层，后以上各层、再下层的顺序进行，优先安排受火势威胁最严重及最危险区域内的人员疏散。

（3）逃生时要注意随手关闭通道上的门窗，特别是防火门、防火卷帘等设施控制火势，启用通风和排烟系统降低烟雾浓度，阻止烟火侵入疏散通道，及时关闭各种防火分隔设施等措施，都可为安全疏散创造有利条件，使疏散行动进行得更为顺利、安全。

（4）克服盲目从众行为。

（5）火场逃生要迅速，动作越快越好。

（6）不要向狭窄的角落退避。

（7）不要在烟气中直立行走，做深呼吸，要尽量低姿势匍匐前进，用湿毛巾捂住口鼻。

（8）不要重返火场。

（9）火场上不要轻易乘坐普通电梯。

（10）不要身穿着火衣服跑动。

（11）不能盲目跳楼。

（12）要正确估计火势的发展和蔓延势态，防止产生侥幸心理。

[知识学习]

很多火灾案例证明，在火灾事故的遇难者中，有一部分人就是因为为顾及自己的钱财、贵重物品而丧失逃生良机，被无情的火魔吞噬；或者为了抢回自己的财物，又冲回去拿东西，殊不知火情瞬息万变，哪怕是一分一秒，有时也能决定生与死。

[血的教训]

1999年发生在江西的一次火灾中，有两名员工就是为了回房间去拿钱包而没能再次逃出来，被永远留在了房间。

☞ 火灾事故伤害急救

94. 发生烧伤如何救护?

（1）立即用自来水冲洗或浸泡烧伤部位10~20分钟，也可使用冷敷方法。冲洗或浸泡后尽快脱去或剪去着过火的衣服或被热液浸渍的衣服。

（2）皮肤轻度烧伤，用清水冲洗后揾干，局部涂烫伤膏，无须包扎。皮肤面积较大的烧伤创面可用干净的纱布、被单、衣服覆盖。

（3）发生窒息，应尽快解除，如果呼吸停止，立即进行心肺复苏。

（4）密切观察伤员有无进展性呼吸困难，并及时护送到医院进一步诊断治疗。

（5）尽量不挑破水疱。较大的水疱可用缝衣针经火烧烤几秒钟或用75%酒精消毒后刺破，放出疱液，但切忌剪除表皮。寒冷季节注意保暖。

（6）烧伤创面上切不可使用药水或药膏等涂抹，以免掩盖烧伤程度。

（7）千万不要给口渴伤员喝白开水。

[知识学习]

烧伤深度我国多采用三度四分法:

Ⅰ度，称红斑烧伤。只伤表皮，表现为轻度浮肿，热痛，感染过敏，表皮干燥，无水疱，约需3~7天痊愈，不留瘢痕。

浅Ⅱ度，称水泡性烧伤。可达真皮，表现为剧痛，感觉过敏，有水疱，创面发红，潮湿、水肿，约需8~14天痊愈，有色素沉着。

深Ⅱ度，真皮深层受累。表现为痛觉迟钝，可有水疱，创面苍白潮湿，有红色斑点，约需20~30天或更长时间才能治愈。

Ⅲ度，烧伤可深达骨。表现为痛觉消失，皮肤失去弹性、干燥、无水疱、似皮革、创面焦黄或炭化。

烧伤面积越大，深度越深，危害性越大。头、面部烧伤易出现失明，水肿严重；颈部烧伤严重者易压迫气道，出现呼吸困难，窒息；手及关节烧伤易出现畸形，影响工作、生活；会阴烧伤易出现大小便困难，引起感染；老、幼、弱者治疗困难，愈合慢。

95. 发生中毒窒息如何救护?

（1）抢救人员进入危险区必须戴上防毒面具、自救器等防护用品，必要时也给中毒者戴上，迅速把中毒者转移到有新鲜风流的地方，静卧保暖。

（2）如果是一氧化碳中毒，中毒者还没有停止呼吸或呼吸虽已停止但心脏还在跳动，在清除中毒者口腔和鼻腔内的杂物使呼吸道保持畅通后，立即进行人工呼吸，若心脏跳动也停止了，应迅速进行心脏胸外挤压，同时进行人工呼吸。

（3）如果是硫化氢中毒，在进行人工呼吸之前，要用浸透食盐溶液的棉花或手帕盖住中毒者的口鼻。

（4）如果是因瓦斯或二氧化碳窒息，情况不太严重时，只要把窒息者转移到空气新鲜的场地稍作休息，就会苏醒。假如窒息时间比较长，就要进行人工呼吸抢救。

（5）在救护中，急救人员一定要沉着，动作要迅速，在进行急救的同时，应通知医生到现场进行救治。

[知识学习]

火灾时产生的一氧化碳、二氧化碳、二氧化硫、硫化氢等超过允许浓度时，均能使人吸入后中毒。发生中毒窒息事故后，救援人员千万不要贸然进入现场施救，首先要做好自身防护措施，避免成为新的受害者。

96. 发生高处坠落怎样急救?

（1）去除伤员身上的用具和口袋中的硬物。

（2）在搬运和转送过程中，颈部和躯干不能前屈或扭转，而应使脊柱伸直，绝对禁止一个抬肩一个抬腿的搬法，以免发生或加重截瘫。

（3）创伤局部妥善包扎，但对有颅底骨折和脑脊液漏患者切忌作填塞，以免导致颅内感染。

（4）颌面部伤员首先应保持呼吸道畅通，撤除假牙，清除移位的组织碎片、血凝块、口腔分泌物等，同时松解伤员的颈、胸部纽扣。若舌已后坠或口腔内异物无法清除时，可用12号粗针穿刺环甲膜，维持呼吸、尽可能早作气管切开。

（5）复合伤要求平仰卧位，保持呼吸道畅通，解开衣领扣。

（6）周围血管伤，压迫伤部以上动脉

快送医院救治。

干至骨骼。直接在伤口上放置厚敷料，绷带加压包扎以不出血和不影响肢体血循环为宜，常有效。当上述方法无效时可慎用止血带，原则上尽量缩短使用时间，一般以不超过1小时为宜，做好标记，注明上止血带的时间。

（7）有条件时迅速给予静脉补液，补充血容量，快速平稳地送医院救治。

[相关链接]

火灾事故常发生高处坠落事故，其伤害属于高速高能量损伤，多复杂严重、以开放伤、内脏器官损伤的多发伤为其特点。发生骨折的患者也常是多发骨折和多处骨折。这时对患者不正确的救治往往会加重损伤，引发严重而不可挽回的后果。

97. 发生化学烧伤如何救护？

化学灼伤的急救与热力灼伤的急救原则相同，尽快脱去致伤物质浸泡的衣服，并立即用清水冲洗20~30分钟，消除残存的化学物质，不要因等待应用中和剂而耽误冲洗时机。任何中和剂的使用都会产生热量而加深烧伤，有些中和剂本身就有损害作用。如果头面部化学烧伤时，应特别注意有没有眼睛的烧伤，要优先冲洗眼睛，注意不要使冲洗液流入眼睛。

（1）化学性眼烧伤急救

酸、碱等化学物质溅入眼部引起损伤，其程度和愈后决定于化学物质的性质、浓度、渗透力，以及化学物质与眼部接触的时间。常见的有硫酸、硝酸、氨水、氢氧化钾、氢氧化钠等烧伤，而碱性化学品的毒性较大。化学性眼烧伤急救措施如下：

1）发生眼部化学性烧伤，应立即彻底冲洗。现场可用自来水冲洗，冲洗时间要充分，半小时左右。如无水龙头，可把头浸入盛有清洁水的盆内，用手把上下眼睑翻开，眼球在水中轻轻左右摆动冲洗，然后再送医院治疗。

2）用生理盐水冲洗，以去除和稀释化学物质。冲洗时，应注意穹隆部结膜，是否有固体化学物质残留，并去除坏死组织。石灰和电石颗粒，应先用植物油棉签清除，再用水冲洗。

（2）化学性皮肤烧伤急救

1）将伤员迅速移离现场，脱去污染的衣物，立即用大量流动清水冲洗20~30分钟。碱性物质污染后冲洗时间应延长，特别注意眼及其他特殊部位，如头面、手、会阴的冲洗。烧伤创面经水冲洗后，必要时进行合理的中和治疗，例如氢氟酸烧伤，经水冲洗后需及时用钙、镁的制剂局部中和治疗，必要时用葡萄糖酸钙动、静脉注射。

2）化学烧伤创面应彻底清创、剪去水疱、清除坏死组织。深度创面应立即或早期进行削（切）痂植皮及延迟植皮。例如黄磷烧伤后应及早切痂，防止磷吸收中毒。

3）对有些化学物烧伤，如氰化物、酚类、氯化钡、氢氟酸等在冲洗时应进行适当解毒急救处理。

4）化学烧伤合并休克时，应冲洗从速、从简，积极进行抗休克治疗。

5）积极防治感染、合理使用抗生素。

[相关链接]

发生强酸性物质烧伤时，充分冲洗后也可用弱碱性液体如小苏打水（碳酸氢钠）、肥皂水冲洗。

发生强碱性物质烧伤时，充分清洗后，可用稀盐酸、稀醋酸（或食醋）中和剂。再用碳酸氢钠溶液中和。

一般烧伤多用油纱布局部包扎，但在磷烧伤时应禁用。因磷易溶于油类，促使机体吸收而造成全身中毒，而改用2.5%碳酸氢钠溶液敷两小时后，再用干纱布包扎。

98. 怎样做口对口人工呼吸?

（1）将患者置于仰卧位，施救者站在患者右侧，将患者颈部伸直，右手向上托患者的下颏，使患者的头部后仰。这样，患者的气管能充分伸直，有利于人工呼吸。施救者站在患者右侧，将患者颈部伸直，右手向上托患者的下颏，使患者的头部后仰。

（2）清理患者口腔，包括痰液、呕吐物及异物等。

（3）用身边现有的清洁布质材料，如手绢、小毛巾等盖在患者嘴上，防止传染病。

（4）左手捏住患者鼻孔（防止漏气），右手轻压患者下颏，把口腔打开。

（5）施救者自己先深吸一口气，用自己的口唇把患者的口唇包住，向患者嘴里吹气。吹气要均匀，要长一点儿（像平时长出一口气一样），但不要用力过猛。吹气的同时用眼角观察患者的胸部，如看到患者的胸部膨起，表明气体吹进了患者的肺脏，吹气的力度合适。如果看不到患者胸部膨起，说明吹气力度不够，应适当加强。吹气后待患者膨起的胸部自然回落后，再深吸一口气重复吹气，反复进行。

（6）对一岁以下婴儿进行抢救时，施救者要用自己的嘴把孩子的嘴和鼻子全部都包住进行人工呼吸。对婴幼儿和儿童施救时，吹气力度要减小。

（7）每分钟吹气10～12次。

[知识学习]

　　只要患者未恢复呼吸，就要持续进行人工呼吸，不要中断，直到救护车到达，交给专业救护人员继续抢救。

　　如果身边有面罩和呼吸气囊，可用面罩和呼吸气囊进行人工呼吸。

99. 常见的绷带包扎法有哪些?

　　绷带法有环形包扎法、螺旋及螺旋反折包扎法、"8"字形包扎法和头顶双绷带包扎法等。包扎时要掌握好"三点一行走"，即绷带的起点、止血点、着力点（多在伤处）和行走方向的顺序，做到既牢固又不能太紧。先在创口覆盖无菌纱布，然后从伤口低处向上左右缠绕。包扎伤臂或伤腿时，要尽量设法暴露手指尖或脚趾尖，以便观察血液循环。绷带用于胸、腹、臀、会阴等部位效果不好，容易滑脱，所以一般用于四肢和头部伤。

　　（1）环形包扎法

　　绷带卷放在需要包扎位置稍上方，第一圈稍斜缠绕，第二、三圈作环行缠绕，并将第一圈斜出的旗角压于环行圈内，然后重复缠绕，最后在绷带尾端撕开，打结固定或用别针、胶布将尾部固定。

　　（2）螺旋形包扎法

　　先环形包扎数圈，然后将绷带渐渐地斜旋上升缠绕，每圈盖过前圈的1/3至2/3成螺旋状。

　　（3）螺旋反折包扎法

　　先作两圈环行固定，再作螺旋形包扎，待到渐粗处，一手拇指按住绷带上面，另一手将绷带自此点反折向下，此时绷带上缘变成下缘，后圈覆盖前圈1/3至2/3。此法主要用于粗细不等的四肢如前臂、小腿或大腿等的包扎。

（4）头顶双绷带包扎法

将两条绷带连在一起，打结处包在头后部，分别经耳上向前，于额部中央交叉，然后，第一条绷带经头顶到枕部，第二条绷带反折绕回到枕部，并压住第一条绷带。第一条绷带再从枕部经头顶到额部，第二条则从枕部绕到额部。

（5）"8"字形包扎法

适用于四肢各关节处的包扎。于关节上下将绷带一圈向上、一圈向下作"8"字形来回缠绕，例如锁骨骨折的包扎。目前已经有专门的锁骨固定带可直接使用。

 [知识学习]

对较大创面、固定夹板、手臂悬吊等，需应用三角巾包扎法。

100. 常用的止血法有哪几种?

常用的现场止血方法有5种，使用时要根据具体情况选择其中的一种，也可以把几种止血法结合一起应用，以达到最快、最有效、最安全的止血目的。

（1）一般止血法

针对小的创口出血。需用生理盐水冲洗消毒患部，然后覆盖多层消毒纱布用绷带扎紧包扎。

（2）填塞止血法

将消毒的纱布、棉垫、急救包填塞、压迫在创口内，外用绷带、三角巾包扎，松紧度以达到止血为宜。

（3）绞紧止血法

把三角巾折成带形，打一个活结，取一根小棒穿在带子外侧绞紧，将绞紧后的小棒插在活结小圈内固定。

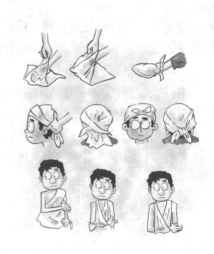

（4）加垫屈肢止血法

加垫屈肢止血法是适用于四肢非骨折性创伤的动脉出血的临时止血措施。当前臂或小腿出血时，可于肘窝或腘窝内放纱布、棉花、毛巾作垫，屈曲关节，用绷带将肢体紧紧地缚于屈曲的位置。

（5）指压止血法

指压止血法是动脉出血最迅速的一种临时止血法，是用手指或手掌在伤部上端用力将动脉压瘪于骨骼上，阻断血液通过，以便立即止住出血，但仅限于身体较表浅的部位、易于压迫的动脉。

（6）止血带止血法

止血带止血法主要是用橡皮管或胶管止血带将血管压瘪而达到止血的目的。左手拿橡皮带、后段约16厘米要留下；右手拉紧环体扎，前段交左手，中食两指挟，顺着肢体往下拉，前头环中插，保证不松垮。如遇到四肢大出血，需要止血带止血，而现场又无橡胶止血带时，可在现场就地取材，如布止血带、线绳或麻绳等。

[相关链接]

指压止血法的具体方法是：

（1）肱动脉压迫止血法。此法适用于手、前臂和上臂下部的出血。止血方法是用拇指或其余四指在上臂内侧动脉搏动处，将动脉压向肱骨，达到止血的目的。

（2）股动脉压迫止血法。此法适用于下肢出血。止血方法是在腹股沟（大腿根部）中点偏内，动脉跳动处，用两手拇指重叠压迫股动脉于股骨上，制止出血。

（3）头部压迫止血法。压迫耳前的颈浅动脉，适用于头顶前部出血。面部出血时，压迫下颌骨角前下凹内的颌动脉止血。头面部较大的出血时，压迫颈部气管两侧的颈动脉止血，但不能同时压迫两侧。

（4）手部压迫止血法。如手掌出血时，压迫桡动脉和尺动脉止血。手指出血时，压迫出血手指的两侧指动脉止血。

（5）足部压迫止血法。足部出血时，压迫胫前动脉和胫后动脉止血。